低コスト再造林への挑戦

一貫作業システム・コンテナ苗と下刈り省力化

中村松三・伊藤 哲・山川博美・平田令子 編

J-FIC

発刊に寄せて

　2019年4月、林政に新たな展開をもたらす森林環境（譲与）税や森林経営管理制度等がスタートしました。今後、これら制度が着実に定着し、「林業の成長産業化」が一層進められることを期待しています。

　また、「林業の成長産業化」のためには、こうした制度のみならず森林・林業分野の技術革新も必要です。制度と技術革新が車の両輪となって、バランスよくそれぞれ進化することが大切です。

　我が国の林業は、室町時代頃がその始まりと言われており、それを支える林業技術は基本的には現代においても大きく変わっていません。自然界の中で植物種や地域特性の差こそあれ、伐採と造林・保育の循環の中で、部分的には技術革新を組み入れながら現在まで続いています。

　本書の題名にある「低コスト再造林」は、我が国森林・林業界に残された技術的隘路の一つです。本書では、伐採とコンテナ苗を活用した造林の一貫作業システムを中心に、下刈り・保育まで、今後の森林・林業のあるべき姿を示唆しています。森林・林業界に立ちはだかる大きな壁を乗り越えるための一つの指南書として大いに活用されることを期待しています。

　執筆代表の森林総合研究所・中村九州支所長（当時）とは、九州森林管理局長として勤務した2009年秋以降のお付合いです。九州のスギは成長が早く、東北地方等のスギと比べて伐期も短く、齢級配置からみてまさに主伐期を迎えようとしていました。かつての無秩序伐採による造林未済地の拡大を繰り返してはならない、将来の九州に生きる人々に責任ある森林を残さなくてはならない、そのためには伐採と造林・保育の技術革新を起こしその循環を確保しなければならない等、待ったなしの状況にありました。中村支所長とこの現実を共有し合い、九州から林業を再生することに意気投合しました。これを機に、「九州から林業の再生を」を掛け声に九州森林管理局と森林総合研究所九州支所の連携が始まりました。

　「技術合理性に基づく森林・林業」を実現できたのは、中村支所長をはじめ支所メンバーとの出会いのおかげであり、この経験がその後の林野庁長官時代における制度等の基礎にもなっていきました。

　最後に、本書の作成に関わられた皆様の努力に敬意を表するとともに、今後の「林業の成長産業化」への更なる貢献を期待します。

2019年8月

元林野庁長官
公益社団法人 国土緑化推進機構 専務理事
沖　修司

推薦の言葉

「はじめに」で執筆者の皆さんが指摘されているように、「伐採と造林の一貫作業システム」化、さらにその先にある早生樹種やエリートツリーなどの育種成果、ＩＣＴ技術も組み込んだ、省人力・低コストの森林経営のシステム化が、林業再生の鍵を握っていることは疑いのないところである。

今日ではそのことに異を唱える向きは少なくなったが、ここに至るまでの道のりは決して平坦ではなかったように思う。

私事にわたって恐縮であるが、林野庁業務課長時代、国有林野事業のコストを削減し、林業利率を確保して持続可能な経営にすべく取り組んでいた頃、森林総合研究所の造林機械研究室長としてコンテナ苗の開発に取り組んでおられた遠藤利明氏にご示唆をいただいたことを思い出さないわけにはいかない。彼こそ、今日までの長い道のりの先駆けであり、トップ・ランナーであった。

しかしながら、コンテナ苗の試作に取り組もうにも試作できる補助事業がない、試作しても造林補助の対象にならないから投下費用は回収できない、規格外にされ、現地から断られるなど、実に多くの困難が立ちはだかっていた。

そうした困難な状況下で、チャレンジングな補助事業の創設に取り組まれた津田京子氏（現佐賀森林管理署長）、新技術にいち早く取り組み、普及に努められた太田清蔵氏（前全国山林種苗協同組合連合会会長）、森林総合研究所でプロジェクト研究を立ち上げ、主導された中村松三氏（現当協会九州事務所主任研究員）、九州森林管理局で本格的に導入を進められた大貫肇氏（前国立研究開発法人森林研究・整備機構森林保険センター所長）など、重い扉を開き、育て導いていただいた方々のお名前は枚挙のいとまがないほどである。

そうした方々の努力と相俟って、本書の執筆者の皆様の地道な研究・開発の努力によって確固たる科学技術的基盤が形成され、今日に至っていることに、この場をお借りして心からの感謝を申し上げたい。併せて、当協会として、企画段階から微力ながら貢献させていただけたことにも感謝を申し上げたい。

本書は、これまでの関係の皆様の研究・開発努力の集大成であり、一定の到達地平を網羅的に示している。森林・林業に関わる多くの皆様が手に取られ、さらなる高みへと発展していく、よすがとなることを祈念して止まない。

2019年8月

一般社団法人 日本森林技術協会 理事長
福田 隆政

はじめに

　戦後の拡大造林によって造成されてきた日本の針葉樹人工林の多くが、現在、主伐期を迎えつつあり、主伐の動きが南西日本から徐々に活発化している。その一方で、林業を取り巻く経済状況は相変わらず厳しく、主伐後に再造林が行われない林地も増加し、大きな社会問題ともなっている。木材が国際商品となった今、材価の劇的な好転はおそらく見込めないだろう。このような状況の中で、日本の森林資源を適切に管理し、林業を持続させていくためには、適切に、かつ低コストで再造林を実施してくことが、喫緊のテーマであり、そして将来的にも重要な課題となる。

　このような中、この10年で低コスト再造林に関する研究が全国的に行われ、多くの知見が集積されてきた。これらの研究の成果として提案された「伐採と造林の一貫作業システム」やコンテナ苗の活用は、日本林業の形態を大きく変えるほどのインパクトを与えつつある。しかし、日本の国土は自然条件の幅が極めて広く、提案されている新たな再造林手法のすべてがどこでも有効なわけではない。これから私たちは、提案された様々な手法を実際の管理対象である森林の条件に照らして吟味し、継続的に検証・改善していかなければならない。そのためには、集積された情報を現段階で一度整理し、低コスト再造林の最前線を俯瞰しておく必要がある。

　低コスト再造林に限らず、森林管理に「こうすればどこでも必ずうまくいく」という方法はない。本書の目的は完成された再造林マニュアルを提供することではなく、森林技術者が自分自身で考え試行するための材料を提供することである。本書では、低コスト再造林について現段階までに明らかとなった知見を整理することにより、現場の状況に合わせて適切な再造林手法を選択し、継続的な改善方法を考える枠組みを提供したい。

　前述のように、森林管理において万能な手法は存在しない。森林技術者は可能性のある複数の手法を吟味し、その中から目の前の現場に合った手法を選択し、技術として構築しなければならない。このような「技術者の腕の見せ所」で、現場に合った方法を探るための指南書として本書を活用していただきたい。本書の総説部分（第1章〜第5章）を最初から通して読めば、現段階の低コスト再造林の技術をある程度体系的に理解していただけるだろう。その上で、個別の事例（第2章〜第5章）を参照していただくことで、自分の現場に合った手法や注意点、さらには新たな手法改善のヒントを見つけていただけることを期待している。

　技術は常に革新され続けるべきである。今後は、それぞれのトライとその結果の情報をできるだけ広く共有して、本書の内容がさらに充実したエキスパートシステムに発展する基となることを願っている。

2019年8月
執筆者一同

目　次

発刊に寄せて..3
推薦の言葉..5

はじめに..7
本書で使う用語について..10

第1章：再造林コストの削減に向けて..13
1.1. 再造林を取り巻く現状と課題..14
1.2. 再造林コスト削減のポイント..20

第2章：伐採と造林の一貫作業システム..25
2.1. 一貫作業システムについて..26
2.2. 一貫作業システムの普及に向けて..34
事例1：車両系一貫作業システムの有効性を実証する..42
事例2：地拵えと苗木運搬に伐出機械を活用する..44
事例3：労働生産性と労働投入量を通常施業と比較する..46
事例4：機械地拵えによる作業効率化を検証する..48
事例5：架線系でもここまでやれる一貫作業..50
事例6：コンテナ苗を架線運搬して現地保管する..52

第3章：コンテナ苗の活用..55
3.1. コンテナ苗とは？..56
3.2. コンテナ苗の活着と成長..66
コラム1：海外のコンテナ苗事情..75
コラム2：実生スギコンテナ苗の栽培期間を短縮する..76
コラム3：充実種子の選別と一粒播種技術の開発..77
事例7：形状比の低いコンテナ苗の方が良好に成長する..78
事例8：コンテナ苗をいつ植える─活着と成長への効果..80
事例9：ヒノキコンテナ苗の通年植栽と成長の関係をみる..82
事例10：カラマツコンテナ苗が枯れた原因を探る..84
事例11：挿し木コンテナ苗と裸苗の根の伸び方を比較する..86

事例 12：やっぱり乾燥に強かったコンテナ苗 88
　　事例 13：ココナツハスク 100% 培地は保水性も透水性も良好 90

第 4 章：下刈り回数の削減 93
　　4.1. 下刈り省力に関するこれまでの取り組み 94
　　4.2. 下刈り回数の削減と判断基準 100
　　コラム 4：エリートツリーへの期待 109
　　事例 14：大苗を植えて下刈りを省略する 110
　　事例 15：大苗と隔年下刈りでコストを削減 112
　　事例 16：多雪地域に最適な下刈り回数を探る 114
　　事例 17：カラマツの下刈りを省略する 116
　　事例 18：下刈り再開後の植栽木の成長回復を検証する 118
　　事例 19：下刈りの判断基準①：その年その年に判断する 120
　　事例 20：下刈りの判断基準②：止める時期を決める 122

第 5 章：低コスト再造林の実践に向けて 125
　　5.1. 再造林コストはどこまで下げられる？ 126
　　コラム 5：低密度植栽の可能性と課題 134
　　コラム 6：「中苗」を用いた低コスト再造林の試行 135
　　事例 21：九州の試験地からみえてきた植栽密度と収支の関係 136
　　5.2. 広域レベルで再造林適地を抽出する 138
　　5.3. どこでも再造林しないといけないのか？ 144

あとがき 154
　　謝辞（研究資金） 155
　　引用文献 156
　　索　引 161
　　執筆者紹介 165

本書で使う用語について

　本書は、低コスト再造林に関する事例をできるだけ多く紹介できるように多くの方に執筆していただきました。そのため、同じ内容を示す場合でも執筆者によって用語の使い方に違いがありますが（地際直径・根元径、苗高・樹高、生存率・活着率など）、基本的に執筆者の用法に従って掲載しています。以下に、特に注意が必要な用語について解説します。

一貫作業システム
　一貫作業システムについては、「伐採から植栽」、「伐採から育林」、「主伐から植栽」及び「主伐・再造林」など異なった表現をされることがあります。本書では、原則的に林野庁の定義に基づき「伐採と造林の一貫作業システム」として（林野庁、2018b）、『伐採・搬出作業と並行又は連続して、伐採・搬出時に用いる林業機械を地拵え又は苗木等の資材運搬に、若しくは集材用架線を苗木等の資材運搬に活用するとともに、伐採跡地において植生が繁茂しないうちに植栽を終わらせる一連の伐採・造林の実施システム』に対して用いています。

苗木サイズ（大苗・中苗・普通苗）
　苗木サイズには明確な定義がありません。地域ごとに一般的に植栽される苗木サイズを普通苗とし、それより大きな苗木を大苗や中苗として呼称しており、サイズは様々です。本書では、できるだけ試験に用いた苗木サイズを明記するようにしていますので、苗木サイズについて、各節及び事例ごとに確認して下さい。

形状比・比較苗高
　ともに幹の直径に対する樹高の比率で、樹高と直径のバランスを表す指標として使われます。一般に立木の場合は、樹高（m）を胸高直径（m）で割った値を「形状比」として示しますが、植栽前や植栽直後の苗のように、樹高が胸高に達しない場合は、苗高を地際直径で割った値である「比較苗高」が用いられます。形状比と比較苗高は分母が異なるため厳密には同義ではありませんが、学術論文等でも基部直径に基づいて算出した苗木の比較苗高を慣例的に「形状比」と表現することも多いので注意が必要です。本書では各執筆者の用法に従って記述しています。

目次と索引：本書の構成および各章節・事例と低コスト再造林キーワードの関係

目次	地域(県)	スギ	ヒノキ	カラマツ	緩傾斜	中傾斜	急傾斜	苗木運搬	育苗	植栽功程	活着・成長	根系発達	通年植栽	性能評価	大苗植栽	早生品種	植栽密度	下刈功程	誤伐判断基準	雑草木との競争	被圧解除後の成長	コスト	適地選択
1-1							○			○				○				○				○	
1-2							●			●				●				●				●	
2-1					●	●	●	●	○	○	●		○									○	○
2-2					●	●	●	○							○								○
事例1	鹿児島	●			車両系	●	●			●	●											○	
事例2	長野			●	車両系	●				●												○	
事例3	北海道・山形			●	車両系	●				●													
事例4	北海道・山形			●	車両系	●				●													
事例5	静岡		●		架線系			●			●												
事例6	高知	●	●		架線系			●			●												
3-1					○			●	●		○	○	○									●	●
3-2		●	●	●	○			●	○	●	●	●	○		○							○	○
コラム1	海外							●			●	○	○									○	
コラム2	徳島	●			○			●			●	○											
コラム3		●	●					●			●												
事例7	東北	●							○		●	○		○								○	
事例8	九州	●						挿し木			●	●	○		●		○					○	
事例9	中部		●		○				○		●	●	●									○	
事例10	北海道			●					●		●	●	●									○	
事例11	宮崎	●						挿し木			○	●	●									○	
事例12	宮崎	●						挿し木			●	●	○	●								○	
事例13	宮崎	●						挿し木			●	●	●	●								○	
4-1															●	●	○	●	○			○	○
4-2															●	●	●	●	●	●	●	○	○
コラム4															●		●		●				
事例14	鹿児島	●													●		●						
事例15	高知	●													●		●					○	
事例16	秋田	●													●		●	○		●		○	
事例17	岩手			●											●			○				○	
事例18	宮崎		●												●			●				○	
事例19	九州	●													●					○		○	
事例20	福岡	●													●						●	○	
5-1					●				●						●		●	●	●			●	●
コラム5																	●					●	●
コラム6	九州							○									●						○
事例21	九州																●					○	
5-2					●			○		○					●							●	●
5-3					●																	●	○

●：キーワードの内容が主題の一つとして詳細に取り扱われている章節及び事例を示す。
○：キーワードの内容に関連した記述が含まれている章節及び事例を示す。

第1章：再造林コストの削減に向けて

　本書の目的に対する理解を深めてもらうために、現在の日本林業で共通的な課題となっている再造林問題について、なぜこの問題が生じてきたのか、その歴史的背景を概説する。さらに、どうしたら再造林を低コストで実行できるのか、いまわかっている技術的課題を整理する。

　まず1.1節では、日本に広大な人工林がつくられた経緯を解説し、いま再造林を推進しなければならない林業的・社会的・生態的意義を確認する。そして、再造林が放棄されつつある日本林業の実態とその理由を特にコスト面から掘り下げ、これに対応するための技術的課題を整理する。続く1.2節では、次章以降で述べる最新の理論や技術情報への導入として、一貫作業システムの導入、コンテナ苗の活用、下刈りの省力化など再造林コストを削減するための具体的なポイントを概観する。

1.1. 再造林を取り巻く現状と課題

中村松三
日本森林技術協会（森林総合研究所フェロー）

1．再造林が必要である

ほぼ半世紀前、小学校で習った記憶に残る林業のイメージは「孫のために木を植える」であり、そして「孫は祖父の植えた木を伐り、また後世の孫のために木を植える」であった。これはまさに伐ったら植える育成林業の基本であり、持続的森林経営の本質である。林業として収穫を保続させるためにも「伐ったら植える」再造林が必要な所以である。

今からおよそ35年前の一時期、「来たるべき国産材時代」というフレーズをよく耳にした。ちょうど私が林野庁に採用される1982年頃である。林業の生産活動は長期不振で停滞し厳しい状況にあるが、それを克服し森林の育成を着実に図っていこうという文脈で理解した。実際のところ、本当にそのような時代が到来するのかと思いながら…。

九州では昨今、スギ丸太を満載したトラックを中山間地のみならず街中の一級国道でも頻繁に見かけるようになった。およそ35年前には考えられなかった光景である。従来の柱材や板材としての用途の他、新たにスギ丸太が合板や集成材の材料に、また、バイオマス発電の燃料として利用されるようになり、川下の工場へ運ばれている。木材自給率はここ7年連続上向きで2017年には36.1％となり、「来たるべき国産材時代」の到来を予感させる状況にある。

一方で、主伐した後、植栽されることなく、そのまま放置される伐採跡地が多々見られる（図1-1-1）。残念ながら、現在の我が国では伐採後の再造林がなかなか進まない現実がある。これでは、伐ったら植えるという循環施業が基本の林業が持続できない。将来に禍根を残す由々しき問題である。なぜそうなっているのか？　まずは現状とそこに至った経緯をみていこう。

図1-1-1　再造林放棄地の事例
（写真提供：野宮治人氏）

2．我が国の人工林の現状

戦後、1,035万haの人工林が造成された。

1.1. 再造林を取り巻く現状と課題

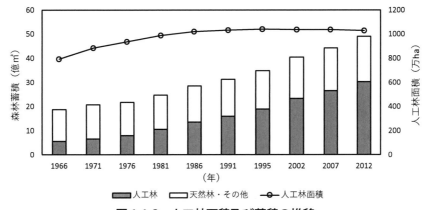

図1-1-2　人工林面積及び蓄積の推移
「統計情報／森林資源の現況（2012.3.31現在・林野庁）」をもとに作図

これは日本の全森林面積2,510万haの約4割に当たる。人工林の面積は1981年以降ほぼ1,000万haで横ばいであるが、その蓄積は着実に増大し、2012年に約30億4,000万m^3に達した（図1-1-2）。拡大造林が盛んだった1966年当時の蓄積5億6,000万m^3の約5.4倍である。しかも、その多くは伐採収穫できる9～11齢級（林齢41～55年）に達している（図1-1-3）。全人工林面積の約4割以上がこの齢級に属している。明らかに歪んだ齢級構成である。本来、各齢級（林齢）の人工林はその面積をほぼ等しく配置されるべき（法正林による考え方）ものである。若齢の人工林面積が極端に少ない資源分布では将来の持続的な森林経営と資源の循環利用を危うくする。これからは収穫利用できる人工林を適正に伐採し、再造林で若い林を造林していくことが、齢級構成を平準化させていくことにつながっていく。ちなみに、9齢級以上の蓄積合計は23億8,000万m^3で全蓄積量に占める割合（蓄積率）は78％（図1-1-3）、10齢級以上でも19億1,000万m^3で63％である。この充実した資源を積極的に活用していく必要がある。

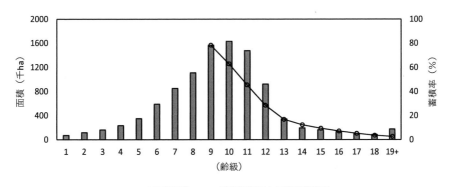

図1-1-3　各齢級における人工林面積と該当齢級以上での積算蓄積率
（9齢級以上について）

「森林・林業統計要覧2017（林野庁）」をもとに作図

3．広大な人工林がつくられた経緯

それでは、なぜこのような偏った齢級構成になるまで人工林が広大に造成されたのか、その経緯を振り返ってみたい。

1947年に林政統一がなされ、農林省山林局が林野行政を一元的に実施する体制が整うと、まず荒廃地化した林地に対して造林が行われた。それは、戦時下での軍需用材調達のための大量伐採や、戦後の復興用材供給のための伐採で、伐採後放置された荒廃跡地への植林であった。造林補助事業等の各種施策が展開され、1956年度までに約150万haの植林がなされ、戦後喫緊の課題であった復旧造林が終わった。

一方、戦後復興期の昭和20年代後半になると、社会の安定化・景気浮揚とともに住宅建築等による木材需要が増え始めた。昭和30年代に入ると日本経済は成長期に入り、木材需給が逼迫するとともに木材価格が高騰し、木材増産による供給拡大への社会的要請が高まった。林野庁は1957年に「国有林生産力増強計画」、1961年に「木材増産計画」等を策定し、増伐による木材供給を行い社会の要請に応えた。具体的には、前者の中で「年間成長量が小さい広葉樹林を伐採し年間成長量がより大きい人工林へ植え換えること（すなわち「林種転換」）」が計画され、後者の計画で「広葉樹林を人工林へ置き換えることにより将来的に増大が期待される成長量を見込んで従前より伐採量を増やし増産を図ること」が計画された。このような施策の中で、天然林等の広葉樹林が伐採され、その伐採跡地にスギ等の針葉樹を植林していったのが、いわゆる「拡大造林」と言われるものである（図1-1-4）。1950年以降1971年まで毎年30万ha以上の造林が展開され、その中でも1954、1955年及び1960～1962年には毎年40万ha以上の人工林が造成された。これが広大な人工林が造成された経緯である。ちなみに、それ以降は、公害等の環境問題が各地で起こり、森林についても木材生産から公益的機能重視への施策となり伐採も造林も年々減少し、近年の造林面積は2～3万ha前後で推移している。

4．再造林の現状－再造林放棄地の発生と拡大

戦後の拡大造林によって造成された人工林が主伐期に入ってきた1990年代、九州において

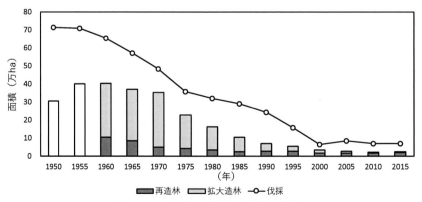

図1-1-4　造林・伐採の面積の推移

「森林林業統計要覧（時系列版）」（森林伐採面積：1950年から2000年まで）、「森林・林業統計要覧2017」（森林伐採面積：2006年以降）、及び「林業統計要覧時系列版（1982、1992、2005）（林野庁）」（人工造林面積）をもとに作図

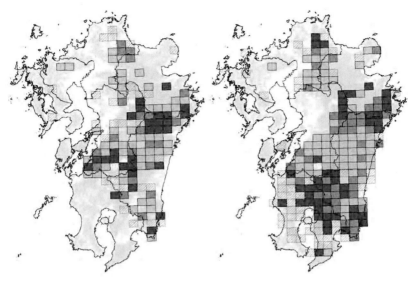

■ クラスⅠ（1～25％）　■ クラスⅡ（26～50％）　■ クラスⅢ（50～100％）
▨ 放棄地は存在するがメッシュ内の伐採地面積が10haに満たないもの

図 1-1-5　メッシュ別にみた再造林放棄地発生率
（再造林放棄面積 / 伐採面積× 100）
（左）1998 〜 2002 年、（右）2002 年以降、　吉田（2012）

初めて人工林の伐採跡地に植林しない再造林放棄地の出現が報告された（堺、1997；2000）。温暖で林木の成長が速く、伐期に達するのが他地域に比べて速い九州で最初に問題が顕在化した。吉田（2009；2012）によると、多時期リモートセンシングデータを用いた画像解析と現地調査から得られた放棄地及び再造林地の地点ベースで算出された再造林放棄地の発生率は、1998 年〜 2002 年の期間で 24.3%、2002 年以降（概ね 2007 年まで）で 30.9% であった（図 1-1-5）。面積ベースでは前期が伐採跡地面積 8,992 ha に対し再造林放棄地面積 2,211 ha で再造林放棄地の発生率 24.6%、後期が同様に 16,728 ha に対して 4,497 ha で 26.9% であった。伐採跡地での再造林放棄は 2000 年代に入ると全国に広がった。ちなみに、最近公表された東北地方数県における再造林放棄地の発生率を見ると、概ね 70% 前後となっている（青森県、2015：岩手県、2014）。林野庁は「人工林伐採跡地のうち 3 年以上経過しても更新が完了していないもの」を造林未済地と定義し、その造林未済地の全国調査を 2003 年と 2006 年に実施し、それぞれの調査年で 24,657 ha、17,279 ha の面積がそれに該当することが判明した。「伐ったら植える」という育成林業の基本を蔑ろにする由々しき問題と認識すべきである。

5．再造林放棄の根幹にあるもの

再造林放棄の根幹には林業収益性の悪化があり、それは木材価格の下落・低迷と、高度経済成長に伴う人件費の高騰、すなわち林業作業経費の増大に起因している。

戦後の木材供給状況の推移と丸太価格の推移を図 1-1-6 に示す。昭和 30（1955）年代から 40（1965）年代にかけ、高度経済成長の進展で木材需要は増大し始めた。拡大造林が終

第 1 章：再造林コストの削減に向けて

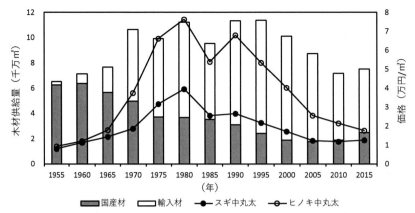

図 1-1-6　木材供給量（国産材と輸入材）及び素材価格（スギ中丸太とヒノキ中丸太）の推移

「2016 年木材需給表（林野庁）」、「木材需給報告書（林野庁）」、「木材需給 / 長期累年 / 供給量（国内生産量、輸入量）累年統計（林野庁 2006）」及び「木材需給累年報告書（農林水産省統計情報部・平成 7 年 9 月）」をもとに作図

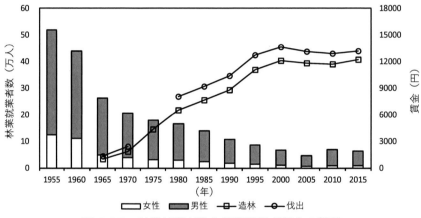

図 1-1-7　林業就業者数と林業労働者賃金の推移

「2010 年版森林・林業白書（林野庁）」、「2016 年版森林・林業白書参考資料（林野庁）」、「国勢調査 / 時系列データ / 人口の労働力状態、就業者の産業・職業（総務省）」及び「農作業料金・農業労賃に関する調査結果（全国農業会議所）」をもとに作図

焉を迎える 1970 年頃には木材需要量は年間 1 億 m^3 を超えた。この増大する需要は 1960 年に自由化された輸入丸太等の外国産材の供給で賄われ、国産材の供給量はほぼ横這いから次第に減少した。ただ、木材需要の増大に連動し昭和 50 年代半ば（1980 年）まで国産材価格は上昇した。それ以降は急激な円高の進行等で海外から木材製品が大量に輸入され、国産材の価格は急激に低下し、国内林業・林産業は低迷の時代となる。ちなみに、スギ中丸太の素材価格は 1980 年に 39,600 円 / m^3 の最高値を示し、2010 年には 11,800 円 / m^3 で、最高値時の 1/3 以下となった。ヒノキも同様で 76,400 円 / m^3 が 21,600 円 / m^3 で 1/3 以下である。一方で、国内林業を支えた山村には過疎化が進行し、林業就業者の減少・賃金の上昇の波が

押し寄せた（図 1-1-7）。林業就業者数をみると 1965 年に 26 万 2,000 人であったものが、2005 年に 4 万 7,000 人と 1/5 以下に、木材伐出賃金でみると、1965 年に約 1,330 円 / 日であったものが 2010 年には約 12,900 円 / 日に上がっている。林業作業の高コスト化である。

林業の収益性を 2013 年の林野庁の試算でみよう。スギ苗を植栽し 50 年生まで育て上げるのに平均で約 231 万円 / ha の費用がかかる。そのうち、植栽及び下刈り等の経費として植栽後 10 年以内に約 156 万円 / ha（全経費の 7 割）を充てなくてはならない。一方で、50 年生の林を主伐した場合、丸太価格は 1 万 2,300 円 / m³ で、素材生産費等 7,716 円 / m³ を差し引き、それに林分平均材積 311 m³/ha を乗じて、立木販売収入を求めると 143 万円 /ha となる。この収入から上記の初期保育経費を差し引くと − 13 万円 /ha となり、再造林どころか林業経営自体がそのままでは成立しない状況である。

このように現在の林業は、主伐で得た販売収入で初期保育経費を賄えない状態であり、これが再造林放棄地を増加させる大きな原因となっている。林業の収益性の悪さに生業としての魅力が消え、再造林して森林を次の世代へ残そうという気持ちにならない林家の実態がある。

6．今の日本で再造林が必要な理由

拡大造林が盛んに行われていた 1960 年当時、木材の自給率は 89 % であった。それから 10 年後の拡大造林が終焉する 1970 年頃の自給率は過半を割り込み 47 % となった。その後も国産材の供給は減少を続け、2000 年の自給率は 19 % まで落ち込む事態となった。

以上のような木材自給率低下・低迷の中、林野庁は 2009 年 12 月に「森林・林業再生プラン」を公表し、その中で木材の自給率を 10 年後に 5 割以上に引き上げることを目指すべき姿とした。今般、林野庁は新たな森林・林業基本計画において、10 年後の木材総需要量を 7,900 万 m³ と見通した上で、2014 年実績の 1.7 倍に当たる 4,000 万 m³ を国産材で供給することを目標値とした。今まで以上に国産材の生産を高め、川下へ供給しなければならない。

日本には戦後の造林事業の成果として、充実した国産材資源がある。既述したように 9 齢級以上で 23 億 8,000 万 m³ の収穫可能な人工林蓄積が存在する。加えて、人工林蓄積 30 億 m³ の元本から、年間成長量として約 8,000 万 m³ の蓄積増加を利子として得ている。これらの充実した人工林資源を活用し、次世代への持続的林業の継承のために、また歪な齢級構成を少しずつでも平準化するために、基幹産業だった林業を再興し山村の活性化・復活を図るためにも、積極的に高齢級人工林を伐採・収穫し、再造林を展開する必要がある。

7．再造林の推進に必要なこと

林業の収益性を改善すること、それが再造林の推進に必要なことである。それは、①木材価格が上がる、②素材生産コストを下げる、③再造林コストを下げることである。簡単なことではない。伐採現場では、高密度・低コスト路網の整備や高性能林業機械の導入が図られ、伐採・搬出作業の生産性の向上を通じて低コスト化が進められている。これは成果が上がっている。一方、伐採後の再造林作業に関わるコスト削減の技術開発は大きく立ち後れている。従来の再造林作業を抜本的に見直す必要がある。そこで、再造林コスト削減を考える上での重要なポイントを次節で概説したい。

1.2. 再造林コスト削減のポイント

中村松三
日本森林技術協会（森林総合研究所フェロー）

1．ターゲットは造林初期保育コスト

再造林放棄問題を解決するには、林業の収益性の向上が不可欠である。収益性は木材（素材）価格と再造林に関わる林業作業経費に左右される。木材価格が昭和50年代のように高くなれば収益が上がる。ただ、木材は昭和40年代にはすでに自由化されており、現在、約100ドル/m³の国際商品として流通している。よって、国産材の価格のみが上昇することは考え難く、期待できない。そうすると、次いで考えるのが林業作業経費である。具体的には、伐採・搬出作業と再造林作業のコスト削減である。伐採現場では採算性向上のため高密度・低コスト路網の整備や高性能林業機械の導入が国の施策で進められ、伐採・搬出作業における生産性の向上を通じて低コスト化が着実に進められている。

一方、伐採後の再造林作業に関わるコスト削減については、最近までほぼ手つかずであった。最後のコスト削減のターゲットは、全育林経費の7割を占める主伐後の「地拵え・植栽・下刈り」という一連の造林初期保育作業である。これらの作業の低コスト化が達成できれば、収益性改善を通じて再造林の積極的な展開につながる。

2．一貫作業システムとコンテナ苗の利点

主伐による立木伐採・丸太搬出の後、伐採跡地で末木枝条を片付ける地拵え作業があり、その後苗木の植栽作業が行われる。また、植栽が終わった造林地では概ね5〜6年の間、苗木の成長に影響を及ぼす雑草木の刈り払いを行う下刈り作業が継続される。上述した一連の造林初期保育作業について、従来の作業手法を踏襲するのではなく、新しい発想や技術を取り込んで革新的に作業の見直しを図ることが低コスト化を考える上で重要である。

近年、苗木生産や再造林作業を根本から変える革新的な技術開発がなされた。一つはコンテナ苗の栽培技術、もう一つはコンテナ苗の出現で可能となった再造林における一貫作業システムである。これらの技術開発が非常に重要な再造林コスト削減のポイントとなっている。これらも含め、いくつかの削減ポイントを図1-2-1に提示する。

（1）一貫作業システムのメリット

従来、伐採を専門とする素材生産業者と、地拵えや植栽を専門とする造林業者は、それぞれ別々の事業発注を受け、相互の作業の連携はなく、それぞれの事業を実施してきた。これには、

1.2. 再造林コスト削減のポイント

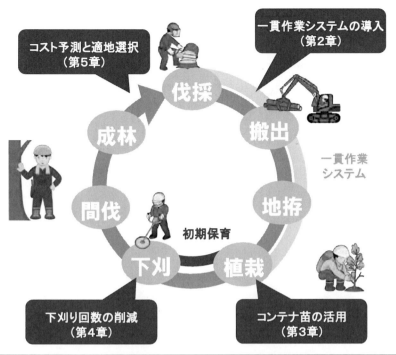

一貫作業システムの導入	車両系	伐採～地拵え～植栽の作業連携で再造林作業の効率化 グラップルローダ等の伐出機械を使った機械地拵えで作業が軽減 フォワーダ等の搬出機械を使ったコンテナ苗等の搬入で運搬作業が軽減
	架線系	架線集材機械による全木集材で存置枝条が減少・人力地拵え作業が軽減 架線を使ったコンテナ苗の搬入で運搬作業・労働強度が軽減
コンテナ苗の活用	苗畑	苗畑作業の労働強度が軽減等 栽培期間の短縮や栽培の機械化により大量生産が可能（コンテナ苗の低価格化）
	植栽地	時期を問わず植栽が可能・労務の平準化（裸苗は季節的に植栽が集中） 植栽が簡単で不慣れな人でも作業が可能（熟練高齢の作業者減少への対応） 植栽作業の効率化
下刈り回数の削減		地域・植栽樹種により下刈り回数の削減が可能 （下刈り作業者減少への対応・労働強度の軽減）
コスト予測と適地選択		再造林適地を抽出し森林経営計画等に反映

図 1-2-1　再造林作業における主なコスト削減のポイント
森林総合研究所（2013）を一部改変

造林業者が行う裸苗の植栽には適期があり、またその前には人力による地拵えがあり、素材生産業者が通年で行う主伐とは、基本的に相互連携がとれないという作業上の違いがあった。しかし、戦後営々と続いてきたこれらの作業分担が、いつでも植栽できるコンテナ苗栽培技術の開発によって、また、それが機械化された伐出作業システムに組み込まれることで、「伐ったらすぐ植える」という新たな「一貫作業システ

ム」の誕生につながった。

伐出作業の生産性アップのため路網が整備され、高性能林業機械が投入できる場所で、「一貫作業システム」のメリットはより発揮される。伐出機械を再造林作業に有効活用して、作業効率を上げることが可能になるからである。伐採作業の工程の中で、伐採機械による機械地拵え（図1-2-2）、搬出機械による植栽コンテナ苗の搬入等、一連の造林作業を同時並行的な

図 1-2-2　一貫作業システムにおける機械地拵え

流れ作業として実施すれば、各作業工程間での無駄を摘出し、省力化・効率化を図る作業システムができる。このシステムによる地拵えからコンテナ苗植栽までの労働投入量は、地形が平坦地〜緩傾斜地で林内走行が可能な車両系林業機械を使った場合、及び中〜急傾斜地で路網開設を行い車両系林業機械を用いて路上伐出を行う場合の両方で、従来の人力地拵え・植栽の2割程度ですむことが実証された。これは一貫作業システムの有効性を提示した最初の実証試験の結果であり、エポックメーキング的な技術革新である（第2章）。

（2）コンテナ苗のメリット

従来、植栽に供される苗木は、苗床で露地栽培され、出荷時に堀り上げられ根が露出した状態で出荷される裸苗であった。しかし最近、栽培方法も苗木の形態も裸苗とは異なるコンテナ苗が普及し始めた（図1-2-3）。コンテナ苗はココナツハスク等の有機質培地で成型された根鉢付き苗で、時期を問わず植栽が可能で、植栽後の活着がよいという特質を持っている。上述の一貫作業システムは、いつでも植えられるコンテナ苗の出現によって、初めて使える有効な作業システムとなった。また、コンテナ苗は植栽作業に不慣れな人でも簡単に植えることができ、しかも植栽効率は裸苗の約2倍である。コンテナ苗の栽培技術の開発は大きな技術革新であり、再造林の低コスト化にとって不可欠な存在となった（第3章）。

図 1-2-3　再造林地におけるコンテナ苗の植栽

（3）下刈り回数の削減

下刈りとは、植栽した苗木の周辺に生えてくる雑草木を刈り払う作業である（図1-2-4）。雑草木は植栽苗より一般的に成長が速く、繁茂して植栽木を被圧するため、植栽木の成長が阻害される。そのため、植栽木が成長して雑草木との背丈の競争から脱するまで下刈りが実施される。

下刈り作業にかかるコストは全育林コストの約4割を占める。下刈り終了までに5〜6年を要し、概ね60〜70万円/haの経費が必要となる。この最もコストがかかる下刈り作業の回数を削減するためには、従来のように毎年の潔癖な下刈りにこだわるのでなく、再生してきた雑草木のタイプ（例えば、常緑樹、落葉樹、ススキ、草本等）を見極めながら、現場での雑草木と植栽苗木の競合（被圧）状態を観察・把

図 1-2-4　下刈り作業

握し、1回でも2回でも下刈り作業を省くやり方が考えられる。「下刈りは毎年実施する」という固定観念を脱し、現場の状況を見て実施するか否かの判断をすることが下刈りコスト削減のポイントである。

毎年の下刈りに対して、隔年で下刈りを実施し回数を半分に減らす方法にすると、植栽木の樹高成長へ多少の影響はあるがコスト削減に有効であることがわかってきた。また、地域や植栽樹種によっては成長低下をきたすことなく下刈り回数削減が可能であることもみえてきた。

加えて、下刈りの回数を減らす他の方法として、大苗や初期成長がよい育種苗を植栽に利用する方法もある。例えば、伐採と同時に少しでも背丈の高い大きい苗を植栽すれば、埋土種子や切株の萌芽から再生を始める雑草木に対して、スタート時点から高さ的に優位に立って競争を開始できる（第4章）。

（4）再造林適地を知り次代の森林をつくる

再造林の低コスト化を、個々の人工林や育林作業レベルでどのように図っていくかを考えることは大切で、ここで概説した削減ポイントに関連した技術等を今後も改良・改善し、持続的林業の展開に寄与していかなければならない。

一方で、もっと大きな視点から地域全体を俯瞰して再造林をどう展開していくかを考えることも重要である。木材需要に対して十分な人工林資源（蓄積 30 億 m^3、毎年の蓄積増加 8,000 万 m^3）がある中で、拡大造林時代に造成されたすべての人工林で再造林を行い、次世代もすべて人工林にする必要はない。土地の生産力が高く（地位がよく）、林道等の路網が整備されている（地利がよい）地域では、造林木の良好な成長と林業機械を活用した効率的な各種林業作業が可能であり、林業（再造林）の適地として持続的・循環的な経営が実施できる。逆に地位や地利があまりよくない（林業経営的に厳しい）地域では、皆伐による再造林でなく、既存の人工林を間伐・択伐し天然更新を利用して混交林や広葉樹林へ誘導・転換する考えがあってもよい。

森林は林業経営のみのために存在するわけではない。木材生産に関わる物質生産機能はもとより、他にも生物多様性保全機能や水源かん養機能等の各種機能がある。実際の森林経営を考える局面においては、これら多面的機能の維持・保全をも取り込んだ中で、森林経営計画の中に再造林の計画が位置づけられなければならない（第5章）。

第2章：伐採と造林の一貫作業システム

　本章では、低コスト再造林実践の中核となる「伐採と造林の一貫作業システム」について、その基本構成や、地域・条件を考慮したバリエーションについて解説する。さらに、日本各地で実践されている先進事例の紹介を通して、システム導入における留意点や、事例から見えてきた課題を整理する。

　2.1節では、一貫作業システムと従来型の伐採・造林システムとの違いを概説する。さらに、地形と事業規模に応じたシステムの選択方法や、一貫作業システムの鍵を握るコンテナ苗の植栽について解説する。2.2節では、一貫作業システムの開発・普及の経緯、そしてコスト削減のポイントとなる地拵えの生産性について、各地で行われた実証試験データをもとに比較・整理し、システムの普及に向けた今後の課題について解説する。

　また、2.1節で解説される様々なシステムの実際の適用事例として、緩傾斜地での車両系システムの導入例（事例1：鹿児島、事例2：長野、事例3：山形・北海道）、林業機械を用いた地拵えの効率化（事例4）、及び急傾斜地における架線系システムの導入例（事例5：静岡、事例6：高知）を紹介し、それぞれのシステムの効率性や留意点に関する情報を提供する。

2.1. 一貫作業システムについて

今冨裕樹[1]・岡 勝[2]
[1] 東京農業大学地域環境科学部・[2] 鹿児島大学農学部

　主伐・再造林を進めるにあたって、作業能率の向上、省力化、コスト削減が求められている。この課題を解決するための手法として期待されている伐採から再造林までを一貫的に行う作業システムの意義・意味、従来方法との比較について解説する。

1．林業における機械化の展開

　林業作業は伐出と育林に大きく分けられ、その機械化はこれまで伐出（伐採・搬出）作業を中心に展開されてきた。なぜなら、伐出作業は足場が悪い傾斜地で伐採木や丸太という重量物を取り扱うことから、労働負担や災害の軽減、生産性の向上、作業経費の削減等が必要だったからである。本格的に林業で機械化が進展したのは第2次大戦後のことであり、大きな転期として1954年の洞爺丸台風による森林被害がある。風倒木処理のためにチェーンソー、トラクタ、集材機等の機械力が積極的に導入された。昭和40年代にはチェーンソーによる伐木造材、トラクタや集材機による集材、トラックによる運材という伐出作業システムができあがった。1975年頃からは小型運材車、簡易架線、自走式搬器等、間伐材搬出に対応した機械が導入された。昭和60年代に入って海外からプロセッサ、ハーベスタ、フォワーダ等の高性能林業機械の導入が始まり、平成時代に入ると国産のタワーヤーダ、プロセッサ等が開発されるようになった。1991年には農林水産省が「高性能林業機械化促進基本方針」を公表し、高性能林業機械を中心とした新たな作業システムの提示やその普及定着が図られた。その結果、わが国の高性能林業機械の保有台数は2016年度時点で8,202台に達している。

　これらの高性能林業機械が有する能力をより発揮させていくためには、基盤としての路網整備が不可欠である。そこで路網と高性能林業機械をセットにした新たな伐出作業システムの構築が図られている。このように伐出作業では路網整備や高性能林業機械等の導入・活用による生産性の向上や作業コスト削減が進められている。

　一方、育林作業では未だ機械化が遅れており、作業能率の向上、省力化、コスト削減が求められている。このような背景の中で、これまで伐出作業のみに使われてきた林業機械を活用して、再造林作業の能率アップ、省力化、コスト削減を達成すべく一貫作業システムが開発された（岡、2014）。

2．なぜ一貫作業システムなのか

　人工林の育成を目的とした皆伐後の再造林では、地拵えに引き続き、植栽が行われ、植栽木が雑草木との成長競争に有利となるまで約5年程度の下刈りが継続して行われる。その後、除伐・間伐を経て、伐期に達していく。育林作業において地拵え、苗木運搬、植栽、下刈り等の初期段階の作業は極めて重労働であり、また、それらの仕事に投入される経費も少なくない。林業生産活動を活発化させるためには、植栽から伐採・搬出までのトータルコストをどの部分で削減できるかを見極めつつ、適正な森林管理を推進していく必要がある。そのためには、伐採から搬出、それに続く地拵え、植栽に至る作業を連携して実施することにより効率化を図ることが大きなポイントとなる。つまり、従来は異なる作業種として別々に行われていた伐採・搬出と再造林の作業工程を、連携化・システム化し、その過程で不必要な作業をなくすことが重要となる。

　伐出作業では路網や高性能林業機械等の導入・活用によりコスト削減の取り組みが推進され、その効果も出ている。一方、地拵えや植栽などの再造林作業はチェーンソー、刈払機などの可搬式機械が一部使用されているものの、多くは手工具による人力作業に頼っている。その結果、多くの労力や時間が必要とされ、再造林には多額の経費が必要とされる。そこで、伐採・搬出のために使用する機械や路網を有効活用し、伐採・搬出と連携して地拵えや植栽を同時進行的に行う作業システム、つまり伐採から再造林までを一貫して行う作業システムを開発・普及することで、低コスト化を図ることが可能となる。

3．従来の方法と一貫作業システムとの違い

　従来の作業方法と一貫作業システムとの違いを図 2-1-1 に示す。従来、伐採・搬出に使われた機械は作業が終了すると同時に次の現場へ移動された。再造林は、伐採・搬出が終了した後、しばらくの期間をおいて、人力で地拵えを行い、その後、春または秋に植栽を行った。これに対し、一貫作業システムでは、伐採・搬出に用いる機械や路網を使って、伐出作業と連携しながら地拵えを同時進行で行い、地拵えを終えた箇所から順次植栽を行っていく。例えば、

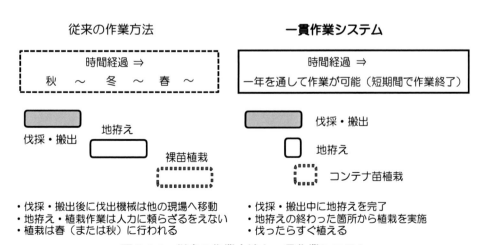

図 2-1-1　従来の作業方法と一貫作業システム

立木の伐倒後、グラップルローダで伐倒木を木寄せ・集材、プロセッサで枝払い・玉切り、フォワーダで丸太を搬出するシステムの場合（事例1の図2-E1-1参照）、グラップルローダを地拵え作業にも活用し、丸太を土場へ搬出するフォワーダを活用して苗木を伐採跡地まで運搬する。このシステムで、どの季節でも植栽が可能なコンテナ苗を使用すれば、一年中、伐採・搬出機械と組み合わせて植栽作業を行うことが可能となる。

一貫作業システムの有効性を最初に実証したデータによれば（図2-1-2）、地拵えに要する投下労働量は、従来の人力作業で13.5人日/haだったものが、機械地拵えの場合で、平坦〜緩傾斜地で1.7人日/ha、中傾斜地で1.3人日/haに、また植栽に要する投下労働量は、従来作業（裸普通苗植栽）で12.9人日/haだったものが、コンテナ苗植栽の場合で、平坦〜緩傾斜地で3.5人日/ha、中傾斜地で4.6人日/haに省力化できた。地拵えと植栽の投下労働量を合わせると、従来の方法による再造林で26.4人日/ha必要であったものが、一貫作業システムの導入により、平坦〜緩傾斜地で5.2人日/ha、中傾斜地で5.9人日/haまで削減でき、再造林の低コスト化において非常に有効な手法であることがわかった。

4．地形に応じた一貫作業システムのいろいろ
（1）一貫作業で活用できる林業機械のいろいろ

一貫作業システムでは伐採・搬出のための機械を再造林作業に活用することになるが、使われる機械の種類（図2-1-3）は、林地の傾斜によって大きく影響を受ける。そこで、傾斜に応じた一貫作業の流れを図2-1-4に示した。伐採・搬出用機械の特性や作業コストを考慮すると、林地の斜面傾斜30度を境として、30度未満では車両系集材機械が利用でき、30度以上では架線系集材機械の利用となる。また、傾斜30度未満の林地では15度を境として、15

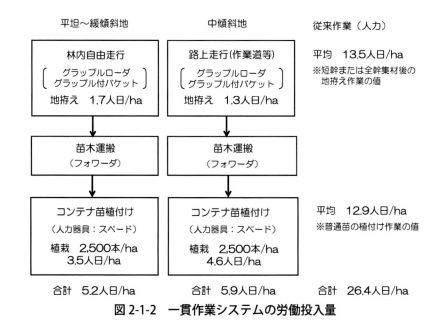

図2-1-2 一貫作業システムの労働投入量

2.1. 一貫作業システムについて

伐木系造林機械

フェラーバンチャ

ハーベスタ

プロセッサ

車両系集材機械

グラップルローダ

フォワーダ
（クローラタイプ）

フォワーダ
（ホイールタイプ）

架線系集材機械

集材機

スイングヤーダ

タワーヤーダ

図 2-1-3　機能別林業機械

度未満では林地を自由走行する車両系集材機械が利用できる。一方、15度以上では林内走行は困難となり作業路を使った集材となる。林地の傾斜によって伐採・搬出用機械やその組み合わせが変わるため、その傾斜条件に応じた一貫作業のやり方を選択していくことになる（表2-1-1）。林地の傾斜を、緩傾斜地（傾斜0度～15度未満）、中～急傾斜地（傾斜15度以上～30度未満）、急傾斜地（傾斜30度以上）に3区分すると、活用される伐採・搬出用機械は、①緩傾斜地では、林内自由走行作業を前提としたハーベスタ、グラップルローダ、フォワーダ、プロセッサ、②中～急傾斜地では、路上作業を前提としたグラップルローダ、スイングヤーダ、フォワーダ、プロセッサ、③急傾斜地では、集材機、タワーヤーダ、スイングヤーダ、プロセッサ等を主体としたものになる。

（2）地形と事業規模に応じたシステムの選択
　伐採・搬出作業の中核をなす木寄せ・集材工

第2章：伐採と造林の一貫作業システム

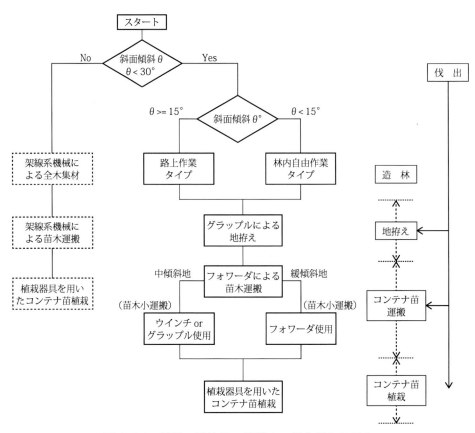

図 2-1-4　伐採・地拵え・植栽の一貫作業システム

程に使用される機械は、それぞれの能力に応じた集材距離を有している。この集材距離は集材規模（伐区の大きさ）と密接な関係を持っていることから、一貫作業システムに使用する機械の組み合わせは、林地の傾斜とともに集材規模を考慮しながら選択する。そこで、伐出作業システムと斜面傾斜及び事業規模（伐区の大きさ）との関係を概念図として図2-1-5に示す。なお、各伐出作業システムは表2-1-1と対応している。ここでは図2-1-5、表2-1-1をもとにして各傾斜地において適用される一貫作業システムの実際を概説する。

a．緩傾斜地での一貫作業
　緩傾斜地では伐区の一端まで林道が開設され、林内から林道端まではフォワーダにより材が搬出される作業仕組みとなる。システム①-1はハーベスタとフォワーダの2台の機械により林内自由走行による効率的作業が行える。そのため広い伐区にも対応できる。システム①-2は伐倒をチェーンソーで行い、それ以降は各機械（グラップルローダ、プロセッサ、フォワーダ）の機能に特化した作業を行うため効率的な作業が可能となる。しかし、①-1に比べると伐倒工程がチェーンソーを用いた人力手段であるため対応できる伐区の大きさは小さくなる。システム①-3はチェーンソーによる伐倒・枝払い・玉切り、フォワーダによる丸太の積込み・運搬を行うシステムである。チェーンソーは3つの作業を行うため多くの労力や時間がか

2.1. 一貫作業システムについて

表 2-1-1　林地の斜面傾斜に応じた伐出作業システム

斜面傾斜条件	作業システム
①緩傾斜地	①-1　ハーベスタ（伐倒、枝払い・玉切）＋フォワーダ（集材） ①-2　チェーンソー（伐倒）＋グラップルローダ（木寄・集材）＋プロセッサ（枝払・玉切）＋フォワーダ（搬出） ①-3　チェーンソー（伐倒、枝払い・玉切）＋フォワーダ（集材）
②中～急傾斜地	②-1　チェーンソー（伐倒）＋スイングヤーダ（集材）＋プロセッサ（枝払・玉切）＋フォワーダ（搬出） ②-2　チェーンソー（伐倒）＋グラップルローダ（木寄・集材）＋プロセッサ（枝払・玉切）＋フォワーダ（搬出）
③急傾斜地	③-1　チェーンソー（伐倒）＋集材機（集材）＋プロセッサ（枝払・玉切） ③-2　チェーンソー（伐倒）＋タワーヤーダ（集材）＋プロセッサ（枝払・玉切） ③-3　チェーンソー（伐倒）＋スイングヤーダ（集材）＋プロセッサ（枝払・玉切）

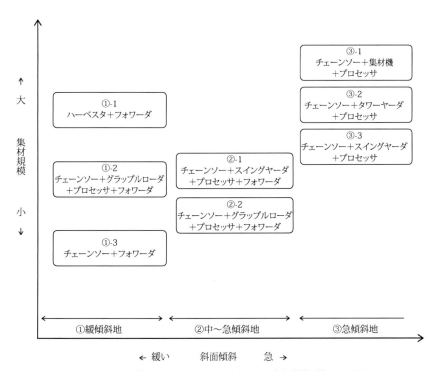

図 2-1-5　作業システムと斜面傾斜及び事業規模との関係

かる。そのためシステム①-1、①-2 に比較して作業能率は劣り、比較的小さい伐区での適用となる。各作業システムともに伐採・搬出終了後は、グラップル機能を持つ機械により地拵えを行った後、フォワーダによる林道端から植栽スポットまでの苗木運搬、引き続きの植栽となる。

b．中～急傾斜地での一貫作業
　中～急傾斜地では林内走行が困難である。こ

のような林地では、傾斜 30 度を超える林地とは違って、地形条件や作設経費の面から作業路開設が可能である。林道端から林内に向けて作業路が開設され、それを使って林道端までフォワーダにより材が搬出される作業仕組みとなる。システム②-1、②-2 の違いは木寄せ・集材工程に使用する機械が異なることである。スイングヤーダによる木寄せ・集材は機種が有するドラム容量に左右されるが、集材距離は通常 100m 以内である。一方、グラップルロー

ダによる木寄せ・集材は、機械が有する腕の長さ（ブーム・アーム長）の範囲となる。なお、小型ウインチをグラップルローダに装備すると数十mの距離まで木寄せ・集材が可能となる。スイングヤーダとグラップルローダの木寄せ・集材の距離は、前述したようにスイングヤーダの方が長い距離をとれることから集材規模は②-1＞②-2となる。両システムともに伐採・搬出終了後グラップル機能を持つプロセッサやグラップルローダにより伐出で生じた末木枝条等を地拵えし作業路沿いに集積する。また、林道端から植栽地までの苗木運搬はフォワーダが担う。植栽スポットまでの苗木の小運搬は、システム②-1ではスイングヤーダによる簡易索張り、システム②-2ではグラップルローダを利用することで、植栽作業者の労働負担の軽減や植栽の効率化につながる。

c．急傾斜地での一貫作業

斜面傾斜が30度を超える急傾斜地では、林地崩壊の原因や多額の経費を要するため作業路開設は難しい。このような林地では伐区に隣接する林道端まで架線集材機械により材を搬出する作業仕組みとなる。システム③-1、③-2、③-3は集材工程で使用する機械が異なる。集材機は従来から幅広く普及している林業機械である。タワーヤーダやスイングヤーダは高性能林業機械と称される移動式集材機で、従来の集材機に比較して高価格である。架線系機械で集材できる距離は、一般的には、集材機＞タワーヤーダ＞スイングヤーダであり、集材規模は③-1＞③-2＞③-3となる。3つのシステムともチェーンソーによる伐倒、架線による集材、土場でのプロセッサによる枝払い・玉切りという作業工程となる。急傾斜地での地拵えは人力と

なるので、林地内での地拵えを極力抑えるため全木集材が望ましい（事例5）。また、コンテナ苗を植栽スポットまで運搬するには、集材に使った架線を利用して運ぶ方法が人力による方法より有効である（事例5、事例6）。

5．一貫作業システムにおけるコンテナ苗植栽（植栽作業能率）

一貫作業システムではコンテナ苗の活用が不可欠である。その詳細は第3章にゆずり、ここではコンテナ苗植栽における作業能率について記述する。

コンテナ苗の植栽器具としてディブル、スペード、プランティングチューブ等がある（図2-1-6）。ディブルは地面に突き刺してコンテナ苗根鉢と同形状の穴を開け植えつける。スペードは先の尖った板を地面に突き刺して前後にこじることにより植え穴を開け、同様に植えつける。プランティングチューブは中空の筒を土に突き刺し穴を開け、筒内にコンテナ苗を落とし込んで植えつける。海外では主にプランティングチューブが使われるが、本器具は特許の関係から自作・改良できず輸入製品に頼らざるを得ない。また、既製品は筒の内径が小さい外国の苗木サイズに合わせて製造されており、相対的にサイズが大きいスギやヒノキのコンテナ苗は筒内への苗木投入がスムーズにいかず使用しにくい。このため、わが国ではディブルやスペードの方が使用に適している。ちなみに、これまでの鍬による植栽では腰部を曲げた姿勢での作業となったが、専用器具では立位の姿勢での作業となり、作業者の腰部負担軽減にもつながる。

コンテナ苗が事業的に供給されるようになったのは2009年以降である。それ以後、コンテ

ディブル　　　　　　スペード　　　　　プランティングチューブ

図 2-1-6　コンテナ苗の植栽器具

ナ苗の植栽能率について調査・研究が進められた。斜面の傾斜別に、植栽器具別に、コンテナ苗及び裸苗の植栽能率を調査した結果、1本あたりの平均植栽所要時間は、裸苗で約57秒、苗高50cm以下の小型のコンテナ苗で約27秒、苗高50cm以上の大型のコンテナ苗で30秒程度である。単位時間あたりの植栽本数は、コンテナ苗で裸苗の約2倍程度である。他の調査でも、コンテナ苗の植栽能率は裸苗のそれに比べてよいとの結果が示されている（大矢ら、2016；岩田、2015；福田ら、2012；岩井ら、2012；冨永、2014）。

2.2. 一貫作業システムの普及に向けて

中村松三[1]・今冨裕樹[2]
[1] 日本森林技術協会（森林総合研究所フェロー）
[2] 東京農業大学地域環境科学部

1. 一貫作業システムの開発・普及の経緯

一貫作業システムを普及させていくためには、このシステムがどのような経緯から生まれてきたのかを知っておくことが重要である。まず、2006年9月に公表された「森林・林業基本計画」に遡って話を始めたい。この基本計画の中に「100年先を見通した森林づくり（長伐期化・混交林化・広葉樹林化等の施業）」がある。これを本格的に推進する際、路網整備と高性能林業機械の導入をさらに徹底し、それらを一体的に組み合わせた作業システムを構築・整備し、低コスト化・高効率化を図ることが指向された。その目指すところは、第1章1節7項で記述した「林業の収益性の改善：①木材価格が上がる、②素材生産コストを下げる、③再造林コストを下げる」の中の、②に該当する部分で、伐採・搬出作業における生産性向上を通じて低コスト化を図ることであった。

この流れを受けて、林野庁は2007～2009年度に「低コスト作業システム構築事業」を展開した。これは路網と高性能林業機械の組み合わせにより、間伐作業における労働生産性を10m^3/人日以上に上げることを目標とし、地形区分と適用集材機械、集材路網型等から代表的な8つの作業システムを開発・実証して、作成した作業システムのマニュアルや現地検討会を通じて普及・啓発を行う事業であった。ただし、既述したように、この段階ではまだ事業対象は間伐（長伐期化や混交林化に必要な作業）を想定した作業システムであった。ちなみに、2009年12月に公表された「森林・林業再生プラン」においても低コスト作業システムに必要な路網整備の徹底、そして搬出間伐への転換が謳われている。

一方で、林野庁は2009年度に「低コスト林業経営等実証事業」を開始した。この事業の狙いは、前述した林業の収益性に関わる③再造林コスト低減を目的とした技術開発の扉を開ける事業であった。具体的には、全国9つのモデル地域において、事業体等より主伐・再造林の低コスト化を図る提案を受け、それを実証する事業であった。その中に、一貫作業システムの前駆となるグラップルローダやロングリーチグラップルによる伐採・地拵えの一体化の考え方が提案され、その功程調査からコスト削減における有効性が実証された。ただし、この事業は政府の行政刷新会議「事業仕分け」で2009年度の単年度で廃止（当初は2年計画）とされた。また一貫作業システムの鍵となるコンテナ苗が2006～2008年度の「低コスト新育苗・造林

技術開発事業」の開発期間を終え、2009年度は世に出たばかりで、この時点では残念ながら伐採・地拵え～コンテナ苗植栽の一貫作業システムにはつながらなかった。

時を同じくする2009年度、農林水産技術会議事務局の「新たな農林水産政策を推進する実用技術開発事業」の競争的資金を得て森林総合研究所が中核研究機関として「スギ再造林の低コスト化を目的とした育林コスト予測手法及び適地診断システムの開発」を実施した。プロジェクト最終年の2012年度には、コンテナ苗がどの時期にも植栽可能であることを実証した上で、上述の「伐採と地拵えの一体化」をもう一歩進め、「伐採と地拵えに加え植栽まで同時に行う一貫作業」とすることで大幅に再造林コストが削減できることを実証した（森林総合研究所、2013）。

一貫作業システムの普及において重要な役割を果たしたのは林野庁及び地方森林管理局であった。特に、先駆けとなったのは九州森林管理局である。コンテナ苗の季節別植栽試験や一貫作業システムの実施において森林総合研究所九州支所と連携し、2010年度に森林整備「誘導伐・密着造林型」事業請負の発注を初めて試行した（図2-2-1）。その後、2013年度には一貫作業システムに不向きな立木販売に対しても、販売と跡地の造林作業を一括して契約する混合契約を用いた一括発注事業（立木販売・造林請負）の道を拓いた。事業名は違えども、その内容はいずれも一貫作業システムそのものであった。

ちなみに、2013年12月に国有林野の管理経営に関する基本計画が策定され、その中の「林業の低コスト化等に向けた技術開発」の項目で「自らが造林等の事業発注者であるという国有林野事業の特性を活かし、伐採とコンテナ苗を用いたその後の造林を同時期に行うなど実用段階に到達した先駆的な技術や手法について事業レベルでの試行を行い、国有林野の管理経営や民有林における普及・定着に資するよう取組を実施」とし、2013年度以降、一貫作業システムの実行面積が急速に拡大し、2015年度には294haに達した（図2-2-1）。

2014年度森林・林業白書で「伐採・再造林の低コスト化に向けた一貫作業システムの実証・普及」が初めて紹介された。さらに、2016年度の森林・林業白書では、「林業の成長産業化のためには、主伐・再造林等の林業の生産性向上を図ること、そしてそのためには新たに技術開発された「伐採と造林の一貫作業システム」を導入・普及させていく制度や推進体制構築」の必要性が示された。また、2016年5月に策定された森林・林業基本計画では、「持続的に林業を行うため将来にわたり育成単層林を維持する森林では、再造林が円滑に行われるよう造林初期におけるコストの低減に取組む」として一貫作業システムの導入等を進めるとした。

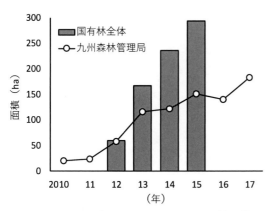

図2-2-1　一貫作業システムによる再造林面積の推移（国有林野事業）
林野庁業務課及び九州森林管理局資源活用課調べ

図 2-2-2　技術普及に向けての現地検討会

以上のような経緯で、一貫作業システムは広く全国に認知されることとなった。2016年度には、伐採・造林一貫作業等の低コスト施業等の普及のために全国で253回の現地検討会が開催され、民有林関係者4,600名が参加している（図2-2-2）。

2．実証試験等による地拵えの生産性

2013年度以降、いくつかの研究プロジェクトや国有林野事業等により一貫作業システム導入に関わる実証調査が行われた。また、林野庁では2014年度から「低コスト造林技術実証・導入促進事業」を4年間実施し、その中で一貫作業システムに関わる民間の取り組みが調査された。これらの事業等で得られた調査データを、伐出作業システム及びその後の地拵え、植栽への連動性等について検証し、一貫作業システムに関わる実証調査データとして確認できたものをまとめて表2-2-1に示した。

一貫作業システムは、第2章1節4項で概説したように、斜面傾斜に制限される伐出システムによって、①平坦～緩傾斜地の車両系・林内走行（表2-2-1上段）、②中～急傾斜地の車両系・作業路走行（表2-2-1中段）、③急傾斜地の架線系（表2-2-1下段）のシステムに基本的に区分される。それらの区分を理解した上で、一貫作業システムで伐出機械を活用した地拵えを行った場合に、従来の人力地拵えと比べてどの程度の生産性向上が図られるのかを表2-2-1からみてみたい。

まず、一貫作業システムに対する比較対照の参考値として、従来型（非一貫作業）の伐出施業地での人力地拵えの生産性を表2-2-1下段にみると、車両系・作業路走行の高知県仁淀町、及び架線系の高知県仁淀町、長野県木祖村の3か所では0.03～0.10ha/人日であった。一方、一貫作業の架線系に区分された静岡県浜松市と長野県伊那市の3か所の人力地拵えの値は0.03～0.05ha/人日である。ちなみ、後者については、架線を使ってコンテナ苗を運搬し人力地拵え後に植栽をすませた案件であったため一貫作業システムとしたもので、地拵えについては従来型の人力作業の形態と何ら変らないものである。両者込みで考えると人力地拵えの生産性は0.03～0.10ha/人日、架線系に限ると0.03～0.06ha/人日程度となる。

次に、一貫作業システムの車両系・林内走行の生産性をみよう。地拵え生産性の最高値は北海道千歳市で得られた1.74ha/人日で、これは別格的な数値である。このケースは、幾分小起伏はあるものの基本的に平坦な土地で、フェラーバンチャとハーベスタで伐倒し、木寄せ・地拵えにはグラップルローダを加え、仕上げの地拵えにグラップルレーキーを投入する伐出作業であった（事例3、事例4）。それ以外の車両系・林内走行の値をみると0.12～0.42ha/人日であった。次いで、車両系・作業路走行の値をみると0.03～0.32ha/人日である。基本は全木で木寄せとなるが、地拵えは作業路周辺がグラ

2.2. 一貫作業システムの普及に向けて

表 2-2-1　一貫作業システム及び従来型（非一貫作業）システムにおける地拵え等の生産性の比較

作業の形態	調査場所	チェンソー	バケットグラップル	グラップル	グラップル付フェラーバンチャ	ハーベスタ	プロセッサ	フォワーダ	トラクタ	集材機	傾斜	出材積 m³	面積 ha	伐採生産性 m³/人日	地拵え生産性 ha/人日 (A)	地拵えの形態	(A)/平均人力地拵え 5)	出典
一貫作業：車両系・林内走行																		
	北海道千歳市	○		○		○		○			0〜5	142.8	0.87	15.7	1.74	機械	24.9	①
	長野県信濃町	○	○			○ 1)	○ 1)	○			10	602.3	2.68	19.5／24.0	0.42	機械	6.0	②
	北海道下川町	○		○		○		○			11〜20	758	3.28	10.1	0.30	ほぼ機械	4.3	①
	鹿児島県曽於市	○		○							11〜20	393	1.28	4.7	0.26	機械	3.7	①
	長崎県佐世保市	○		○		○		○			11〜20	887	3.97	7.2	0.23	ほぼ機械	3.3	①
	長野県南牧村	○	○				○	○			11.4	48.7	0.42	14.8	0.14	機械	2.0	②
	熊本県水俣市	○									15	160	0.84	9.14	0.13	機械	1.9	③
	山形県西川町	○									11〜20	126.7	0.2	15.3	0.12	ほぼ機械	1.7	①
一貫作業：車両系・作業路走行																		
	島根県益田市	○	○			○		○			31〜	3112	7.46	7.24	0.32	ほぼ機械	4.6	①
	大分県九重町	○		○				○			21〜30	1193	4.24	7.3	0.20	機械／人力	2.9	①
	広島県東城町	○		○							11〜20	653	2.01	13.9	0.10	機械3／人力7	1.4	①
	茨城県城里町	○	○ 2)								21〜30	1100	1.86	18.3	0.08	機械6／人力4	1.1	①
	茨城県城里町	○		○							21〜30	669	2.16	10.6	0.06	機械6／人力4	0.9	①
	茨城県城里町	○		○							21〜30	254.5	0.93	7.2	0.03	機械3／人力7	0.4	①
一貫作業：架線系																		
	静岡県浜松市	○	○			○				○ 3)	35	421	1.69	4.21	0.05	人力	0.7	④
	静岡県浜松市	○	○				○			○	34	607	1.56	5.25	0.03	人力	0.4	④
	長野県伊那市	○	○ 4)				○				31〜	427	2.03	1.8	0.03	人力	0.4	①
従来型（非一貫作業）：車両系・作業路走行																		
	高知県仁淀町	○		○		○					21〜30	640	1.88	4.0	0.10	人力	1.4	①
従来型（非一貫作業）：架線系																		
	高知県仁淀町	○					○			○	21〜30	465	1.38	3.9	0.03	人力	0.4	①
	長野県木祖村	○	○				○			○	31〜	1251	4.96	3.5	0.06	人力	0.9	①

1) ホイール式、2) ロングリーチグラップル、3) タワーヤーダ、4) 集材ウインチ付グラップル、
5) 平均人力地拵え値　0.07ha/人日

出典　①：林野庁（2018a）
　　　②：長野県信濃町・南牧村は大矢ら（2016）
　　　③：熊本県水俣市は今村・宮島（2018）
　　　④：静岡県浜松市は山本・野末（2016）等より再計算

ップルローダにより、それ以外は人力となる。地拵えの生産性は機械地拵えと人力地拵えの実施面積の比率で左右され、それは作業路の路網配置や路網密度の影響を受けている。

林野庁によると、従来の人力地拵えの平均値は 13.5 人日/ha で、これを換算すると 0.07ha/人日になる。これを基準に一貫作業の各作業形態の地拵え生産性を比較すると、車両系・林内走行で人力地拵えの 1.7 ～ 6.0 倍（北海道千歳の最高値で 24.9 倍）、車両系・作業路走行で 0.4 ～ 4.6 倍、架線系で 0.4 ～ 0.7 倍である。表 2-2-1 からわかるように、林内走行が可能な立地であれば、また、作業路走行でもその作業路の密度や配置をより配慮することで、地拵えの生産性を高めることが可能である。コスト分析を行った事例 2 のケースでは、約 13 ～ 30 万円/ha の低コスト化が図れたとして、機械が走行できる傾斜であれば、地拵え作業はできる限り機械を使用することを推奨している。

作業道の開設が難しい急傾斜地での架線系については、結局のところ人力地拵えにならざるを得ない。いわゆる車両系のように機械を用いた地拵えによる生産性向上は望めない。ただ、全木による集材方式を採用することで人力地拵え作業の軽減が可能である。全木集材と全幹集材を地拵えの生産性で比較した実証調査では、全木集材の方が全幹集材より伐採地に存置される末木枝条の量が少なくでき、その後の人力作業による地拵えの人工を全幹集材の 74％に低減できることを明らかにした（事例 5）。集材土場に集積された末木枝条をバイオマスとして活用できればさらに理想的である。

架線系のシステムで、もう一つ紹介しておきたいことがある。集材が終わり架線撤去の前に、植栽に必要なコンテナ苗（時に防鹿柵資材等）を架線を利用して運び上げれば、運搬のコスト削減だけでなく労務の軽減にもなる。ただ、伐出に引き続く人力地拵えにはある程度の時間を要する。この期間に現地保管のコンテナ苗の活着性能が低下すれば、引き続きの植栽は不可能になる。高知県でコンテナ苗の現地保管がどの程度可能かを検証した結果によると、スギ、ヒノキとも 4 週間の現地保管でも、植栽後の生存率はほぼ 100％であった（事例 6）。また、熊本県での今村・宮島（2018）のスギ現地保管試験では、保管時に苗木を寒冷紗で被覆しても被覆しなくても生存率は 3 か月後で 100％、植栽した後の活着率は 3 か月後でも 90％前後であった。コンテナ苗の現地保管の有効性が実証され、架線による伐出→架線によるコンテナ苗運搬・現地保管→人力地拵え→植栽という架線系一貫作業システムが可能であることが実証された。

3．一貫作業システムの普及に向けて

（1）一貫作業システム導入のメリット

一貫作業システムの利点を今一度整理してみると、以下の 3 点があげられる。

①伐採・搬出に使用した林業機械を地拵えに活用することにより、地拵えの生産性を高め、地拵えコストの削減を図ることができる。車両系・林内走行でその効果はより高まる。もちろん、車両系・作業路走行でも、作業路の配置や路網密度を高めることでその生産性を高めることができる。

②コンテナ苗の利用で、伐採・機械地拵えとその後の植栽が連動し作業期間の短縮が可能となる。植栽を考えながら伐採（地拵え）を進めていくので自然と効率的な作業実施となる。加えて、コンテナ苗を利用することで、季節を問わ

ず伐採に連動した植栽が可能となり、結果的に植栽作業の平準化ができる。

③植栽後の初回の下刈りが省略できる可能性がある。従来、主伐後に1年あるいは複数年にわたって伐採地は放置され、その後に地拵え・再造林が行われるのが通常である。この放置期間に、伐採跡地では雑草木の再生が始まり繁茂していく。地上部での枝葉の拡張とともに地下部でも同様に根系が次第に拡張されていく。根系が土中で十分に発達すると、植栽のため地拵えで地上部がきれいに刈り払われ整理されたとしても、地下部にしっかり形成された根系から容易に萌芽等の再生が始まり瞬く間に繁茂状態となり、植栽当初から下刈りが必要になってくる。一方、一貫作業システムの場合は、雑草木の根系が未発達の段階で、先に植栽されたコンテナ苗の成長が始まり、成長競争で初めから優位に立つことになる。このような状況が、いくつかの一貫作業システムの実施地で観察されている。今後、実証試験等を通じて一貫作業システムによる初回下刈り省略の有効性を検証していくことが望まれる。

以上、一貫作業システムのメリットをまとめたが、実際に運用するとなるとどうなのか。これから解決していかなければならない課題についてまとめてみたい。

(2) 一貫作業システム普及の課題について

林野庁(2016)は「低コスト造林技術実証・導入促進事業」において、都道府県の林務担当部門、林業事業体、苗木生産事業体に対する低コスト再造林に関するアンケート調査を実施した。

この報告書によると、一貫作業システムの導入に関する回答は、都道府県（回答数42件）では、「すでに導入」（2県：4.9％）、「実証試験中」（9県：22％）、林業事業体（回答数94件）では、「導入の経験あり」（30事業体：32％）であった。このように、まだ一貫作業システムは実証・導入に向けて緒に着いた状況である。

一貫作業システム導入にあたっての課題として、都道府県や林業事業体からは、①一貫作業システムの具体的作業方法が未整備、②伐出作業と造林作業の連携の難しさ、③コンテナ苗の供給体制が未構築、が提示された。これらの課題は解決の途上にあり、以下にその対応の基本的考え方を示す。

①一貫作業システムの具体的作業方法が未整備

地形や傾斜、路網状況、人工林の資源状況の違いにより、それぞれ地域の林業を取りまく環境は異なる。また、林業事業体の経営規模は個々に違い、高性能林業機械の保有状況も異なる。つまり、地域の林業環境により、事業体により、考えられる一貫作業システムは多岐にわたる。一貫作業システムにこれでなければという正解はなく、現有の林業機械を利用していかに低コスト化（省力化・効率化）を図っていくかを意識し実践することが、このシステムの核となる考え方であり大切なところである。

この考え方を基本にした上で、一貫作業システムの具体的な作業方法について第2章1節で提示した組み合わせを思い出すとよい。適用可能な作業は図2-1-4の流れ図による選択が基本である。要約すると、図2-1-5に示すように斜面傾斜の緩急と集材面積の大小で、伐採・搬出作業に使用される林業機械の効率的な組み合わせはほぼ決まる。また、伐倒、木寄せ、玉切り、搬出等の伐出作業システムは基本的に表2-1-1に示すような内訳となる。両図表を照らし合わせながら、現有機械の組み合わせや斜面傾斜に

応じた機械の配置を考え、作業方法を選択していくことになる。

②伐出作業と造林作業の連携の難しさ

一貫作業システムの実施においては、伐採・搬出作業を計画する時点で、地拵え・苗木運搬・植栽などの再造林作業との連携計画を立てておくことが大きなポイントとなる。伐採・搬出作業では伐区における地形条件、地利的条件、路網配置と路網の線形・規格等を考慮して作業計画を立案しつつ、再造林作業に関わる作業員、苗木生産者との緊密な連携（苗木納品スケジュールの調整）を組み、システム全体の計画をつくり上げていくことが重要である。日々の工程管理を通して、システム全体として円滑な作業の流れができるよう考え、工夫していくことが求められる。

問題は、伐採事業者と造林事業者の作業連携に向けた作業計画立案において、上述の事項を反映した事前協議ができるかである。林業事業体自身が伐出作業班と造林作業班を有する場合には同一事業体内において比較的容易に実施体制が整えられ、伐採・搬出作業と造林作業の連携・スケジュール調整が行われるようになれば、次第に両作業の有機的な連携が行われていくだろう。しかし、伐採・搬出作業を行う事業体と造林作業を行う事業体がそれぞれ別で、互いに共同企業体（JV）を組んで受注するような場合には、作業連携についてなかなか協議の場が持てないのが現実ではないだろうか。

連携・協力体制の整備・支援のためにも、また一貫作業システムの導入メリットを理解した事業体の裾野を広げていくためにも、その普及啓発は重要で、作業連携モデルの事例集や作業マニュアル等の作成、関係事業者の能力向上等のための研修や普及フォーラムの開催等が望まれる。

③コンテナ苗の供給体制が未構築

一貫作業システムを名実ともに一貫作業として機能させるには、年間を通じて行われる伐出作業に対して、種苗生産者からコンテナ苗が適切なタイミングで現場へ納品されなければならない。

伐出作業とリンクしたコンテナ苗供給の課題については第3章1節で今後の対応の基本的な考え方を示す。そのポイントは、まずコンテナ苗生産体制を強化すること、次いで出荷時期をコントロールする栽培技術の開発を目指すこと、そしてコンテナ苗の需要量を早期に把握し供給者へ伝えて需給連携を図る県域レベルを越えたコーディネートできる組織を構築することである。あるいは、需要者側である山林所有者（または伐出・造林請負の事業体等）と供給者側である種苗生産者との間で個々に栽培契約を結ぶという選択肢もある。これは双方にとって一番円滑で確実な、そして安心のできる手法であろう。

（3）伐採作業と造林作業の連携等に関わるガイドラインについて

前項の②伐出作業と造林作業の連携の難しさで、作業計画作成に関する連携のあり方について記した。両者の作業連携は一貫作業システム実施の根幹であり、スムーズな運用ができるようになるまで行政等のリードが必要である。

実際には、このような現場での作業連携とは別に、森林所有者と事業主体（伐採事業者や造林事業者）との委託手続き、都道府県への造林補助金申請手続き、事業主体間での作業委託・請負手続き（造林事業者から伐採事業者への機械地拵え作業や伐採事業者から造林事業者への

植栽作業）等、事務手続き上の協議も必要となる。今まで経験のない事柄であり、手続き等を一つずつ積み上げ経験を重ねていく過程で、是非に行政の指導が求められるところである。

2018年3月、林野庁は森林整備部整備課長名で「伐採作業と造林作業の連携等の促進について」を発出した。これは、都道府県や団体等が「伐採作業と造林作業の連携等に係るガイドライン」を作成する上で、参考となる事項を指針として整理し提示したものである。この通知文書では、初めて「伐採と造林の一貫作業システム」について定義づけをし（表 2-2-2）、森林所有者と事業者に対してその導入メリットを示し（表 2-2-3）、一貫作業システムによる再造林に関する補助金申請について、流れ図を用いてわかりやすく説明をしている。ガイドラインでは、伐採・更新計画の作成、契約、許可・届出、制限の確認、伐採に係る留意事項、造林に係る留意事項等について詳述し、最後に参考として、一貫作業システムに係わる標準単価の設定の考え方を示している。

表 2-2-2 伐採と造林の一貫作業システムの定義

「一貫作業システム」とは、伐採・搬出作業と並行又は連続して、伐採・搬出時に用いる林業機械を地拵え又は苗木等の資材運搬に、若しくは集材用架線を苗木等の資材運搬に活用するとともに、伐採跡地において植生が繁茂しないうちに植栽を終わらせることで、一連の造林作業の効率化を図る伐採・造林の実施システムをいう。
（注1）コンテナ苗が基本となるが、裸苗を用いる場合も含まれる。 （注2）伐採作業と造林作業の連続性については、秋に伐採・搬出を実施した際に林業機械で地拵えを行い、翌春、下草の繁茂時期を迎える前に直ちに植栽を行う場合も含まれる。 （注3）伐採と造林の一貫作業システムによる効率化の効果は、高性能林業機械の利用による部分が大きいため、急傾斜地など林内路網密度が低い箇所では効果が限定的となることもある。このため、現地の状況に応じて、通常システムと比較して、効率的な造林方法となるものを選択していくことが重要である。

林野庁（2018b）より引用

表 2-2-3 伐採作業と造林作業を連携して行うメリット

① 森林所有者のメリット 　従来人力で行っていた作業が機械化され省力化の効果が期待できるため、総事業費が抑制され、森林所有者の再造林に係る費用負担が軽減される。主伐の収益を確保しつつ、再造林を行いやすくなる。
② 造林業者のメリット 　作業者が減少する中、地拵え等の作業に係る労務量を抑えることができる。今後想定される主伐後の再造林の増加に対して、労務体制の面で対応しやすくなる。 　コンテナ苗を用いる場合、作業負担の軽減や労務の平準化も期待できる。
③ 伐採業者のメリット 　伐採と造林を別の事業者が実施する場合、伐採業者は、伐採・搬出時に用いる林業機械により地拵え又は苗木運搬といった造林作業の一部を実施する。当該作業について造林事業者と請負契約を結び、造林作業に見合った収入を得ることができる。機械の稼働率を上げることができる。

林野庁（2018b）より一部抜粋等

事例1：車両系一貫作業システムの有効性を実証する

岡 勝[1]・今冨裕樹[2]
[1] 鹿児島大学農学部
[2] 東京農業大学地域環境科学部

再造林コスト削減において「一貫作業システム」が有効であることを日本で最初に実証した調査事例（鹿児島県曽於市大隅町にて実施）を紹介する。調査地1は緩傾斜地、調査地2は中～急傾斜地で実施した車両系林業機械による一貫作業システムである。

○緩傾斜地での一貫作業システム

調査地1は、約3haの皆伐区域の一部の面域で、傾斜5～10度、調査面積0.12haを対象地とした。図2-E1-1は作業工程と使用機械である。本調査地はスギ大径木の皆伐箇所であり、チェーンソーで先行伐倒された。それに続いてバケット容量0.45 m^3 クラスベースマシンのグラップルローダで全木の木寄せ・集材、同クラスのプロセッサで造材が行われ、最大積載4 m^3 クラスのフォワーダ（グラップルなし）で丸太が搬出された。グラップルローダは木寄せ・集材を行いつつ、造材箇所周辺に溜まった末木枝条を適宜、移動・集積（筋置き、仮置き）し、集材が終了した箇所から地面整地が行われた。地拵えのための末木枝条は、幅2m×高さ2mで等高線方向に筋置きされた。フォワーダは丸太を山土場まで運搬し、地拵えの進捗状況をみて先山への空車走行時にコンテナ苗が入ったネット袋（20袋程度）を運んだ。本調査地では根鉢容量300ccのコンテナで育苗されたスギコンテナ苗（2年生、苗高60cm）が使用された。苗木はネット袋に30本収納され、1袋の重量は10～15kgであった。多くの本数

のコンテナ苗を人力運搬で行う場合、かなりの労働負担となることから、伐採・搬出作業中にフォワーダを用いてのコンテナ苗を適宜運ぶことで苗木運搬の軽労化・省力化が実現された。

グラップルローダによる0.24haの地拵えは、1日実働6時間として、1人作業で2.1時間、作業功程は1.5人日/haであった。コンテナ苗の植栽にはスペードが用いられ、2人組みで伐出終了後すぐに植栽が開始された。植栽作業は安全確保のため機械の作業エリアと走行路以外の箇所で実施した。その結果、0.15haの植栽本数は307本、作業時間は1.4時間であり、移動時間等を含む植栽時間は30秒/本、作業功程は3.1人日/haであった。

今回の調査結果と文献（岡ら、2011）、及び別途実施した作業日報調査の結果から、伐出との連携による機械地拵え功程は1.5～2.5人日/haであった（岡ら、2012）。この作業功程をこれまでのデータと比べた場合（農林水産省、1999）、機械地拵えは1/6～1/9、コンテナ苗植栽は約1/3の投下労働力ですむことがわかった。

一貫作業を安全かつ効率的に実施するには、伐出作業進捗の把握と地拵え、苗木運搬のタイミングを十分に調整し、伐出終了直前に植栽作業者は伐出作業者と十分連携をとり、伐出が終了した箇所から順次植栽を進めていくことが大切である。

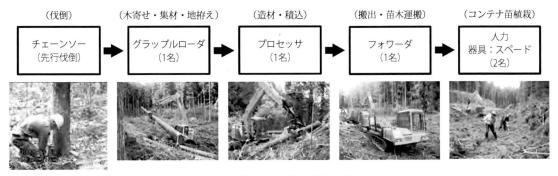

図 2-E1-1　作業工程と使用機械（調査地 1）

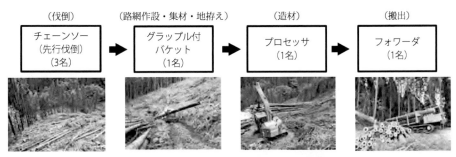

図 2-E1-2　作業工程と使用機械（調査地 2）

○中〜急傾斜地での一貫作業システム

車両系の林業機械が自在に走行できない中〜急傾斜地では路網を開設し、路上での伐出作業となる。調査地 2 は傾斜が 20 〜 30 度の箇所で実施した一貫作業である。本調査地では、植栽時期の都合で伐出作業と植栽作業の連携ができなかったので、伐採・搬出から地拵えまでの工程を対象に調査を行った。

皆伐作業地は 0.85ha で、そのうちの 0.3ha が調査対象地である。伐倒はチェーンソーによる先行伐倒で実施された。木寄せ・集材にはグラップルローダ（バケット付き）が使用された。グラップルローダにより、予定路線に沿って作業路を開設しながら、機械のブーム・アームの到達範囲内にある伐倒木が全木集材された。プロセッサにより造材地点付近にたまった末木枝条は木寄せ・集材に支障のない箇所に一旦仮置きされ、集材の進捗をみて地拵えが進め

図 2-E1-3　グラップルによる地拵えの様子

られた。作業工程と使用機械は図 2-E1-2、図 2-E1-3 のとおりである。地拵えの実績作業能率は 1.3 人日 /ha であり（岡ら、2011）、コンテナ苗植栽の作業能率は 4.6 人日 /ha であった（コンテナ苗 300cc、2,500 本 /ha 植栽で試算）。所要人工数を従来方式と比較すれば、地拵えでは 1/10、植栽では 1/3 である。

事例2：地拵えと苗木運搬に伐出機械を活用する

大矢信次郎
長野県林業総合センター

再造林の低コスト化を目的として実施されている一貫作業システムであるが、実際はどの程度コスト削減に貢献しているのか明らかにすべく、長野県で調査を行った（大矢ら、2016）。

○皆伐作業の生産性は？

まず、緩傾斜地での車両系作業システムによる皆伐作業の功程調査を行った結果、各試験地（表2-E2-1）における皆伐作業の労働生産性は約15～24m^3/人日（図2-E2-1）であり、緩傾斜地であれば、20m^3/人日も実現可能であることが確認された。また、伐出コストは約1,600～2,700円/m^3（直接経費のみ、以下同様）であり、使用機械の導入コストにもよるが、労働生産性が高いほど低コストであった。

○機械地拵えのコスト低減効果は？

伐出機械を地拵え作業に使用した場合、その生産性はどの程度なのか。試験地Rでグラップルローダによる地拵えの功程調査を行った結果、その生産性は約700m^2/人時であった（図2-E2-2）。また、試験地Mで行ったバケットによる地表かき起こし（ササ地下茎及びA層土壌剥ぎ取り）の生産性は約240m^2/人時であった。これらに対して、人力地拵えの生産性は約80m^2/人時であり、機械による地拵えは人力の約3～9倍の生産性を上げている。地拵え作業のコストを比較すると、人力が約38万円/haであったのに対して機械は約8～25万円/haであり、約13～30万円/haの低コスト化が図れた。機械が走行できる傾斜であれば、地拵え作業はできる限り機械を使用することを推奨する。

○コンテナ苗を機械で運搬すると・・・

機械（フォワーダ）と人力による苗木運搬の違いを明らかにするため、その運搬功程調査を実施した。1haに植栽する2,200本のカラマ

表2-E2-1　各試験地の林分概況と作業システム

試験地		M	A1	A2	R1	R2
樹　種		カラマツ				
林　齢		77	69	62		66
伐採面積 (ha)		0.42	2.32	3.95		2.68
平均傾斜 (度)		11	21	14		10
路網密度 (m/ha)		169	156	236		224
単木材積 (m^3/本)		0.82	1.13	0.75		0.89
作業システム	伐倒	チェーンソー				
	木寄	グラップルトラクタ	グラップル		ホイール式ハーベスタ	
	造材	プロセッサ				
	集材	なし	フォワーダ		ホイール式フォワーダ	

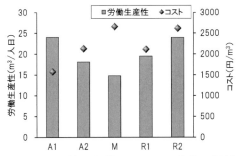

図 2-E2-1　皆伐作業のシステム全体の労働生産性とコスト

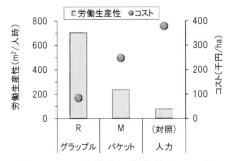

図 2-E2-2　地拵えの生産性とコスト

ツコンテナ苗をフォワーダで伐採地の中心まで運搬する際の作業時間は、人力の 1/6 以下であった。1 ha あたりの作業コストを試算すると、コンテナ苗の運搬はフォワーダで約 9,000 円/ha、人力で約 12,400 円/ha で、機械の方が低コストであった。地拵えや植栽作業と比較して、コンテナ苗運搬のコスト削減効果は大きくはないが、労働強度の軽減を考えれば、現場にある機械を有効に活用するべきであろう。

○コンテナ苗植栽の生産性とコスト

　カラマツコンテナ苗の植栽作業の生産性は裸苗の丁寧植えより高く、時間あたりの植栽本数は裸苗のほぼ 2 倍に相当する約 120 本/人時で、植栽の人件費は裸苗の約 1/2 の約 5 万円/ha になることがわかった（図 2-E2-3）。ところが、植栽コスト全体についてコンテナ苗と裸苗を比較すると、コンテナ苗は 44 万円/ha、裸苗は 23 万円/ha となり、逆転してしまう。これは、苗木単価が 66 円/本の裸苗に対して、コンテナ苗が 2.5 倍以上の 180 円/本であることに起因している。コンテナ苗の植栽コスト全体を裸苗と同等にするには、単価を現状の半分程度にする必要がある。

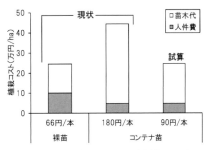

図 2-E2-3　カラマツの植栽コスト

○再造林のトータルコストを比較すると…

　各試験地における地拵え、苗木運搬、植栽の各コストを積算し、一貫作業システム（機械地拵え・コンテナ苗植栽）と従来作業（人力地拵え・裸苗植栽）の両パターンを比較した（図 2-E2-4）。残念ながら、トータルコストはどちらでもほとんど変わらず、再造林コストの削減には、コンテナ苗の低価格化が一つの鍵となることがわかった。今後の栽培技術改良等による低価格化の実現を期待したい。

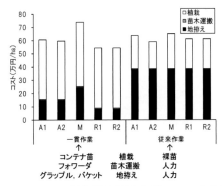

図 2-E2-4　一貫作業と従来作業のコスト比較

事例3：労働生産性と労働投入量を通常施業と比較する

中村松三
日本森林技術協会（森林総合研究所フェロー）

　ハーベスタ等の高性能林業機械を多用した一貫作業システムと、チェーンソーで伐倒・玉切りする一貫作業システムについて、その労働生産性や労働投入量を調査し、これらを従来の通常施業地（同様の伐出作業）の値と比較した。

○調査の概況：どのような山林で、どのような作業機械を投入したか

　まず、高性能機械を多く投入した場合の一貫作業システムである（以下、高性能機械型）。北海道千歳市の傾斜0〜5度のほぼ平坦地にある51年生カラマツ林（平均樹高22m、平均胸高直径32cm）が実証地である。伐区は幅55m、長さ170m、面積0.87 haで、伐区中央に幅3.5mの作業道が作設された。フェラーバンチャとハーベスタが伐倒を行い、グラップルローダが木寄せ・地拵えを行う。その後、ハーベスタは造材作業に入り、それが進むとグラップルローダによるフォワーダへの積込み・搬出である（図2-E3-1の上段；事例4の図2-E4-1参照）。

　もう一つは、伐倒・枝払い・玉切りを昔ながらのチェーンソーで行う場合の一貫作業システムである（以下、チェーンソー型）。山形県西川町の傾斜0〜15度にある63年生のスギ林（平均樹高27m、平均胸高直径37cm）で行った。伐区幅20m、長さ100 m、面積0.2 haで、伐区中央に作業道が斜めに横切る。チェーンソーによる先行伐倒の後、ウインチ付グラップルローダが全木で作業道へ木寄せを行い、尺棒を持ったチェーンソーマンが枝払い・玉切りを行う。その後、グラップル付フォワーダが搬出する作業システムである（図2-E3-1の下段；事例4の図2-E4-2参照）。

図2-E3-1　高性能機械型（上段）及びチェーンソー型（下段）の伐出・地拵え作業

○一貫作業システムの労働生産性は高い

車両系一貫作業システムの高性能機械型とチェーンソー型の労働生産性を、同地域内の同程度の傾斜地で同じ伐出機械を使った通常施業の労働生産性と比較した（表2-E3-1）。北海道での高性能機械型の生産性（伐採：15.7 m^3/人日、地拵え：1.74 ha/人日、植栽：300本/人日）を通常施業地の生産性（伐採：11.2m^3/人日、地拵え：0.07 ha/人日、植栽：105本/人日）と比較すると、伐採で1.4倍、地拵えで24.9倍、植栽で2.9倍であった。同様に、山形でのチェーンソー型の生産性（伐採：15.3 m^3/人日、地拵え：0.12 ha/人日、植栽：300本/人日）を通常施業地の生産性（伐採：―、地拵え：0.05 ha/人日、植栽：150本/人日）と比較すると、地拵えと植栽でそれぞれ2.4倍、2.0倍であった。いずれも一貫作業システムの方がより効率的で生産性が高い。

○労働投入量の削減効果

車両系一貫作業システムにおける労働投入量を通常施業地と比較した（表2-E3-2）。高性能機械型で、地拵え0.57＋植栽4.6＝合計5.17人日/haに対して、通常施業地では、地拵え14.3＋植栽19.1＝合計33.4人日/haであった。一貫作業システムを導入することで通常施業地の15％の労働投入量で地拵え・植栽ができた。チェーンソー型の一貫作業システムでも通常施業地の43％の労働投入ですんだ。伐出に使われる作業機械の構成が新旧いろいろであっても、一貫作業システムは労働投入量の削減に有効である。

表2-E3-1　車両系一貫作業システムと通常施業による労働生産性の比較

作業方法	伐採* （m^3/人日）	地拵え （ha/人日）	植栽 （本/人日）
高性能機械型 　一貫作業システム（北海道）	15.7	1.74	300
通常施業地（北海道）	11.2	0.07	105
一貫作業システム／通常施業	1.4	24.9	2.9
チェーンソー型 　一貫作業システム（山形県）	15.3	0.12	300
通常施業地（山形県）	-	0.05	150
一貫作業システム／通常施業	-	2.4	2.0

林野庁（2016）より作成
* 伐採〜搬出までの全体の労働生産性

表2-E3-2　車両系一貫作業システムと通常施業による労働投入量の比較

作業方法	地拵え （人日/ha）	植栽 （人日/ha）	合計 （人日/ha）	一貫作業システム ／通常施業
高性能機械型 　一貫作業システム（北海道）	0.57	4.6	5.17	15％
通常施業地（北海道）	14.3	19.1	33.4	―
チェーンソー型 　一貫作業システム（山形県）	8.3	7.5	15.8	43％
通常施業地（山形県）	20	16.8	36.8	―

林野庁（2016）より作成

事例4：機械地拵えによる作業効率化を検証する

中村松三

日本森林技術協会（森林総合研究所フェロー）

伐出機械が地拵え作業にどの程度貢献しているのかを知るために、事例3で紹介した高性能機械型とチェーンソー型の車両系一貫作業システムについて、ビデオカメラ撮影による作業機械別・作業工程別の時間分析を行った。

○機械別・工程別の作業時間は？

まず、北海道で行われた高性能機械型の作業工程別の使用機械を図2-E4-1に示す。この全工程での、伐出機械の全作業時間は、調査面積0.87haで48.1時間であった（表2-E4-1）。このケースでは、3種類の機械が複数の作業を担当している。木寄せ・地拵えについてみると、グラップルローダに限らず、掴む機能があるフェラーバンチャやハーベスタも伐倒しながら木寄せを行い、また地拵えもしている。これらの機械による地拵えの作業時間の合計は15.1時間で、伐倒から搬出までの総作業時間が48.1時間であるので、伐出機械が地拵えに貢献した時間の割合は31％である。さらに、木寄せ・地拵えを担当するグラップルローダについて、それぞれの作業時間と割合をみると、木寄せ

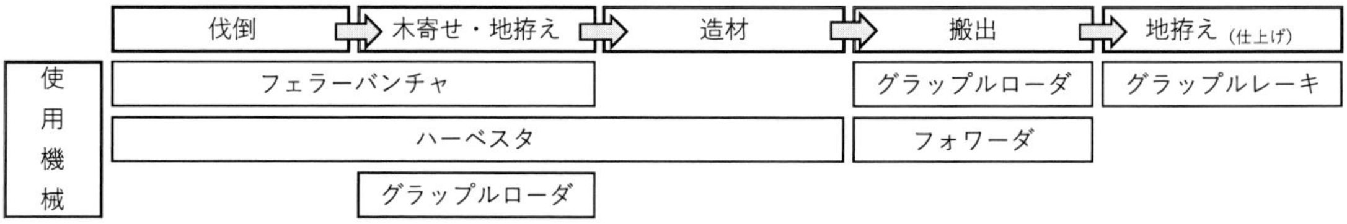

図2-E4-1　高性能機械型一貫作業システムにおける作業工程別の使用機械

表2-E4-1　高性能機械型一貫作業システムにおける機械別・工程別の作業時間と割合
（調査面積0.87ha、単位：時間）

機械＼工程	伐倒	木寄せ	造材	搬出	地拵え	機械別合計
フェラーバンチャ	1.6　50%　28%	0.5　7%　9%			3.6　24%　63%	5.7　12%
ハーベスタ	1.6　50%　8%	1.1　15%　5%	13.8　100%　66%		4.4　29%　21%	20.9　43%
グラップルローダ		5.6　78%　59%			3.9　26%　41%	9.5　20%
フォワーダ・グラップル				8.8　100%　100%		8.8　18%
グラップルレーキー					3.2　21%　100%	3.2　7%
作業別合計	3.2　7%	7.2　15%	13.8　29%	8.8　18%	15.1　31%	48.1　100%　100%

各項目の下段の％数値は、それぞれの機械の全稼働時間に対する各作業工程に費やされた時間の割合。
各項目の右列の％数値は、各作業工程に費やされた全時間に対するそれぞれの機械の稼働時間の割合。
右端列の％数値は、全作業時間に対する各機械の稼働時間の割合。
最下段の％数値は、全作業時間に対する各作業工程に費やされた時間の割合。
林野庁（2016）より作表

5.6時間（59％）に対して地拵え3.9時間（41％）であった。ちなみに、フェラーバンチャとハーベスタの木寄せ・地拵えへの貢献は、前者で0.5時間（9％）・3.6時間（63％）、後者で1.1時間（5％）・4.4時間（21％）であった。

一方、山形県でのチェーンソー型の作業工程は図2-E4-2で、伐出機械の全作業時間は調査面積0.20haで37.7時間であった（表2-E4-2）。造材と搬出に多くの時間が割かれている。全木集材のためか地拵えにはそれほどの時間を要していない。各作業は、グラップルローダを除けば、ほぼ機械別に分業されている。なお、グラップルローダによる木寄せと地拵えの作業割合はそれぞれ46％と54％であった。前述の高性能機械型のグラップルローダの値（木寄せ59％、地拵え41％）と比較すると、その林分状況や作業環境が異なり伐出手法が変わっても、グラップルローダによる木寄せと地拵えの作業割合はほぼ半々である。

○**機械地拵えによる作業の効率化と課題**

作業日報では、グラップルローダによる地拵え作業が「木寄せ」として一括計上されていたが、今回の時間分析で、木寄せと区別して地拵えの時間を具体的に示すことができた。

機械地拵えは、再造林の低コスト化において有効である。ただ、伐出機械を使えば作業効率は高くなるが、一方で、機械を稼働させるコストに留意しておく必要がある。地拵えをどこまで丁寧にするのか、換言すれば、どこまで手が抜けるのか、現場の状況は千差万別である。地拵えのコスト、その後の植栽のコスト、引き続く下刈りのコストを勘案し、現場でコスト意識を持って判断する必要がある。

図2-E4-2　チェーンソー型一貫作業システムにおける作業工程別の使用機械

工程	伐倒	木寄せ・地拵え	造材	搬出	地拵え（仕上げ）
使用機械	チェーンソー	ウインチ付グラップルローダ	チェーンソー	グラップル付フォワーダ	ウインチ付グラップルローダ
					刈り払い機

表2-E4-2　チェンソー型一貫作業システムにおける機械別・工程別の作業時間と割合（調査面積0.20ha、単位：時間）

機械＼工程	伐倒	木寄せ	造材	搬出	地拵え	機械別合計	
チェーンソー	4.7 100%					4.7	12%
グラップルローダ		3.4 46%			4.0 54%	7.4	20%
チェーンソー・グラップルローダ			14.9 100%			14.9	40%
グラップル付フォワーダ				10.7 100%		10.7	28%
作業別合計	4.7 12%	3.4 9%	14.9 40%	10.7 28%	4.0 11%	37.7 100%	100%

各項目の下段の％数値は、それぞれの機械の全稼働時間に対する各作業工程に費やされた時間の割合。
各項目の右列の％数値は、各作業工程に費やされた全時間に対するそれぞれの機械の稼働時間の割合。
右端列の％数値は、全作業時間に対する各機械の稼働時間の割合。
最下段の％数値は、全作業時間に対する各作業工程に費やされた時間の割合。
林野庁（2016）より作表

事例5：架線系でもここまでやれる一貫作業

野末尚希[1]・山本道裕[2]
[1] 静岡県経済産業部森林保全課
[2] 関東森林管理局計画課

皆伐再造林を行うにあたり、急峻な地形や脆弱な地盤等により作業道開設が困難な地域では架線系による集材となるが、残念ながら架線系一貫作業システムを利用した低コスト化の調査事例はほとんどない。そこで、静岡県天竜地域の急傾斜地で「架線系一貫作業システム」の実証試験を実施した（山本・野末、2016）。

○**全木集材と全幹集材で作業効率はどれだけ差があるのか？**

調査地は平均傾斜35度の急傾斜地に生育する70年生のスギ・ヒノキ混交林であった。実施した作業システムを表2-E5-1に示す。まずチェーンソーによる伐倒、その後タワーヤーダによる架線の架設、欧州製自走式搬器を用いた下げ荷架線集材を行い、土場でハーベスタにより造材した。集材後は、その架線を利用して欧州製自走式搬器による苗木運搬を行い、引続き植栽を実行した。

調査地の概況を図2-E5-1に示す。土場から

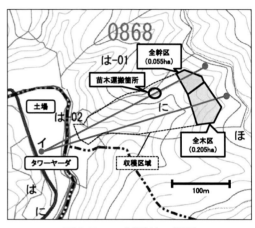

図2-E5-1　試験地の概要

集材距離300mの地点に、伐倒後枝払いせずに全木集材する「全木区」と、伐倒後枝払いしてから全幹集材する「全幹区」を設置した。ここで、伐倒から地拵えまでの功程調査を行った。各工程の所要人工数（1日の作業時間を6時間として計算）を図2-E5-2に示す。

表2-E5-1　作業システムの概要

工程	システム	備考
伐倒	チェーンソー	枝払いあり・なし
架設	タワーヤーダ使用	
集材	欧州製自走式搬器 ウッドライナー	全木集材・全幹集材
造材	ハーベスタ	
地拵え	人力	
苗木運搬	ウッドライナー	
植栽	ディブル、唐鍬	

造材された丸太のはい積みや、土場で発生した枝葉の整理は土場側の作業員が適宜実施

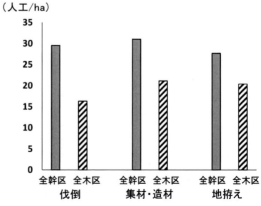

図2-E5-2　全木集材と全幹集材の功程調査の結果

伐倒は、全幹区29.56人工/ha（10.50m³/人日）に対して、全木区16.34人工/ha（19.02m³/人日）で、全木区の方が全幹区の55％に省力され、枝払いを省略した分の作業時間の差が現われた。

集材・造材は、全幹区31.04人工/ha（10.02m³/人日）に対して全木区21.16人工/ha（14.70m³/人日）であった。一般的に、全木集材では枝葉が周囲の伐倒木や伐根に引っ掛かるなど集材作業が中断しやすいデメリットがあるため、作業効率は全幹区より全木区の方が低いことを想定していたが、高出力の欧州製自走式搬器を用いた伐出であったため、問題なく作業が実施できた。なお、架線の架設・撤去は1線あたり18.45人工を要した。

地拵えは、全幹区27.70人工/ha（361.02m²/人日）に対して、全木区20.41人工/ha（489.96m²/人日）で、全木区の方が全幹区の74％であった。全木区では林内に残されている枝葉の量が全幹区より少なかったため、作業時間が短縮された。高性能林業機械を用いた全木集材による作業システムを実施することで、伐出効率を下げることなく地拵えの効率化を図ることができた。なお、全木区でも地拵えにそれなりの手間を要したのは、もともと林内に生育していた下層植生がかなり多く、その処理に時間がかかったためである。「全木集材＝地拵えゼロ」とイメージされることもあるが、必ずしもすべての施業地に当てはまらないことも明らかとなった。

○架線による苗木運搬で運搬時間はどれだけ削減されるのか？

土場から距離220m、標高差60mの地点まで苗木を運搬する際、人力運搬と架線運搬とで、それぞれの運搬本数及び往復所要時間を調査した。人力運搬では、急斜面を登るため1回あたりの運搬本数は50本程度が限界であったのに対し、架線運搬では650本運搬できた。積み込み方法を工夫すればもっと大量の苗木を一度に運搬することが可能である。往復所要時間は、人力運搬では22分57秒だったのに対し、架線運搬では4分5秒であった。1往復あたり約19分の削減となり、作業員の労働負荷の軽減に寄与できた。

植栽功程調査も行った。コンテナ苗及び裸苗を唐鍬で植栽する場合、コンテナ苗で343本/人日、裸苗で225本/人日であった。コンテナ苗の方が裸苗より植栽効率が高い。一方、コンテナ苗を専用器具ディブルで植栽する場合は267本/人日で、唐鍬の方が植栽効率が高い。急傾斜地では安定した姿勢を保ちやすい唐鍬が植栽器具として適しているといえる。

○「架線系一貫作業システム」をより効果的にするためには？

架線による全木集材と架線による苗木運搬を組み合わせることで、効率的な「架線系一貫作業システム」ができることがわかった。一方、今後解決すべき課題も残った。1つ目は、タワーヤーダや欧州製自走式搬器を用いた架線集材技術の確立が、まだ不十分であることであり、逆に、今後コスト削減できる余地が大きい。2つ目は、造材に伴い土場で発生する枝葉の有効活用がされなかったことである。枝葉をバイオマス原料等に利活用する仕組みができれば、利益を一部再造林経費にも還元できると考えられる。

事例6：コンテナ苗を架線運搬して現地保管する

藤本浩平・山﨑 真
高知県立森林技術センター

架線集材が行われた急傾斜皆伐地での再造林で、撤去前の架線を利用して苗や獣害対策資材の運搬ができれば労務コストの軽減が期待できる。また、皆伐後に地拵え、コンテナ苗植栽を連続して行うことができれば伐採・造林一貫作業システムが可能となる。

しかし、苗運搬後の架線撤去、地拵え、獣害対策には数日から数週間を要することから（図2-E6-1）、架線系一貫作業システムを導入するためには活着率を低下させずにコンテナ苗を現地保管することが必要条件となる。

そこで、コンテナ苗の現地保管・植栽試験を行うとともに、運搬効率の評価を行い、架線系一貫作業システムの実効性を検証した（藤本ら、2016）。

○コンテナ苗を現地保管できるのか？

コンテナ苗はJFA300で育苗されたスギ及びヒノキの2.5年生実生苗（重量：約250g）で、20本ずつメッシュ袋に入れ、それらをコンテナ苗の根鉢が保護できる鉄製のカゴに積込み架線で運搬した（図2-E6-2）。現地での保管方法は、周辺の林内及び植栽地（皆伐跡地）に苗の入ったメッシュ袋を置き、乾燥を防ぐためにメッシュ袋全体を枝条で被覆した。スギは9月上

図2-E6-2 鉄製カゴを用いたコンテナ苗架線運搬

旬に、ヒノキは7月下旬に運搬して保管試験を行った。保管した苗はそれぞれ1週間後、2週間後、4週間後に植栽を行った。対照として現地搬入当日の植栽を行った。

いずれの樹種、保管期間、保管場所でも、保管中に枯死や著しい枯損がみられた苗はなかった。植栽後1～2カ月時点での生存率は、ス

図2-E6-1 架線系一貫作業システムの作業の流れ

ギでは、運搬当日に植栽した苗で 88％ であったが、保管後植栽した苗では、いずれの保管期間、保管場所でも 100％ であった（表 2-E6-1）。ヒノキでは、運搬当日に植栽した苗で 87％ であったが、保管後植栽した苗は 1 週間保管で 94％、2 週間保管で 98％、4 週間保管で 99％ であった。運搬当日に植栽したコンテナ苗より保管したコンテナ苗の方が活着がいい傾向がみられた。

現地の枝条による被覆等の乾燥防止策をとれば、スギ・ヒノキとも、苗にとって過酷な時期である夏期・秋期に 1 か月程度の現地保管ができることがわかった。

○コンテナ苗を架線で運んだ作業効率は？

集材作業で使用したエンドレスタイラー式架線とH型架線を利用して、集材作業終了後に、皆伐跡地へコンテナ苗の運搬を行った。

架線運搬と植栽場所までの小運搬を合わせた作業効率について、功程調査の結果を用い、現地の面積、地形に応じたシミュレーションを行った（表 2-E6-2）。エンドレスタイラー式架線での作業効率は、架線のみが 0.92 人日/ha（人力運搬の 34％）、人力小運搬含むが 0.86 人日/ha（人力運搬の 32％）であった。H型架線の作業効率は 0.69 人日/ha（人力運搬の 14％）であった。H型架線は、2 本の主索間で任意の地点での荷揚げ、荷おろしができることから、植栽場所付近に直接苗を運搬することが可能であり、コンテナ苗の運搬に適した方法である。ただし、架設箇所が地形の制約を受けることや、大型集材機が必要であること等のクリアすべき点がある（山﨑、2013）。

表 2-E6-1　植栽したコンテナ苗の生存率

植栽日 保管場所	運搬当日	1 週間保管後		2 週間保管後		4 週間保管後	
		皆伐地	林内	皆伐地	林内	皆伐地	林内
スギ	88[*1]	100	100	100	100	100	100
ヒノキ	87[*2]	94	-	98	-	99	-

[*1] 架線運搬当日に植栽、[*2] 4 週間保管後植栽と同日に人力運搬・植栽

表 2-E6-2　運搬シミュレーション結果

	エンドレスタイラー式架線試験地			H型架線試験地	
植栽面積・本数	9.8ha・24,500 本			3.5ha・8,750 本	
運搬方法 小運搬方法	架線[*1,4]	架線[*1,5] 人力[*2,5]	人力[*2]	架線[*1]	人力[*3]
人工数（人日）	8.80	8.21	25.88	2.43	17.72
作業効率（人日/ha）[*6]	0.92	0.86	2.70	0.69	5.06

[*1] 運搬本数：400 本/回、作業員数 3 人（集材機・積込・荷おろし）
[*2] 運搬本数：60 本/回、作業員数 1 人
[*3] 運搬本数：40 本/回、作業員数 1 人
[*4] 架線で横引きを行って任意の点に荷おろしをする場合
[*5] 架線直下へ荷おろしをして人力で小運搬をする場合
[*6] いずれも 2,500 本/ha、実働 6 時間/日として計算

第3章：コンテナ苗の活用

　コンテナ苗は、一貫作業システムの鍵を握る。本章では、その生い立ち、現状、今後の様々な可能性について包括的に解説する。
　コンテナ苗はいつ、どのように、なぜ開発されたのか。3.1 節では、コンテナ苗の持つ特質を理解してもらうととともに、コンテナ苗生産の現状、及び軽量化・規格化・安定供給といった今後の普及に関わる課題を整理する。3.2 節では、国内外でのコンテナ苗活用例をレビューし、特にコンテナ苗の特徴である根の健全性について詳しく解説する。その中で、主要造林樹種（カラマツ、スギ、ヒノキ）のコンテナ苗植栽事例を紹介し、活着に関わる要因を探る。特に、実生系のコンテナ苗で問題となっている形状比については、植栽後の活着や成長への影響を多数の事例をもとに解説する。さらに、実際の造林で問題となる苗の運搬や保管、及び植栽の実際についても詳しく解説する。
　3.2 節で解説されるコンテナ苗の活着・成長の情報については、日本各地で行われている調査事例（事例7：東北の実生スギ、事例8：九州の挿し木スギ、事例9：中部地方のヒノキ、事例10：北海道のカラマツ）を、失敗例も含めて掲載した。また、通年植栽の可否を左右するコンテナ苗の根の発達過程（事例11）や活着の限界条件を探った実験例（事例12）及び培地の性能評価（事例13）なども紹介する。

3.1. コンテナ苗とは？

中村松三
日本森林技術協会（森林総合研究所フェロー）

1．コンテナ苗の定義と生い立ち

（1）コンテナ苗とは何者か？

　林業用種苗といえば裸苗が一般的である。種子による実生苗であれ、穂による挿し木苗であれ、裸苗の育苗には基本的に堆肥等の混入による土づくりや土壌消毒等の作業があり、その上で播種床や苗床をつくる。そして小苗等の移植、その後の根切りや床替え等の工程を経て、2〜3年で一定の大きさに育てられる。育成された苗は最終的に掘り取られ、土を落とされ根が裸出した状態で出荷される。一方、近年、裸苗とは全く異なる方法で栽培され、根の形態も異なる苗木、すなわちコンテナ苗が生産され始めた。コンテナ苗とは、裸苗のような露地栽培でなく、マルチキャビティコンテナ（多孔式栽培容器；以下 MC コンテナ）で育成される「根鉢付き苗」のことである（図3-1-1、図3-1-2）。

図 3-1-1　裸苗（左）とコンテナ苗（右）

図 3-1-2　山出し可能なコンテナ苗（JFA300）
ヒノキ実生苗（左）・スギ挿し木苗（右）

（2）コンテナ苗の栽培方法：裸苗との違い

　コンテナ苗と裸苗の基本的な違いは、MCコンテナ栽培と露地栽培という栽培方法の違いにある。裸苗生産では次第に大きくなる苗木に対して、床替えを行いながら生育スペースを確保し育てる。一方、MCコンテナによるコンテナ苗の生産では、苗木1本あたりのスペースは栽培の初めから終わりまで変わらず、裸苗に比べ栽培密度が高い。ちなみに、MCコンテナの栽培孔容量300cc（JFA300）で24本、150cc（JFA150）で40本の苗木が栽培される（図3-1-3a）。

　コンテナ苗と裸苗の栽培上の相違点を表3-1-1にまとめた。コンテナ苗栽培では、裸苗栽培に必要な床替え床や連作障害回避の休閑畑が不要である。よって、広い苗畑敷もいらず、床づくり等の作業に要する耕耘機等の機械もいらない。また、ココナツハスク（ヤシ殻を解繊した繊維）を培地のベースにし基本的に土を使う必要がない栽培法なので、従来の土作りや土壌殺菌、除草等の作業が不要である。さらに、コンテナ苗は灌水や施肥をコントロールすることで長期の据え置きができ、苗木出荷の時期を

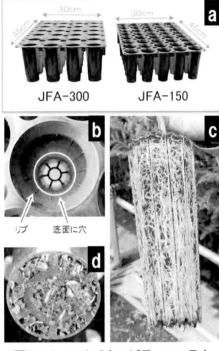

図 3-1-3　マルチキャビティコンテナ
a：栽培孔（キャビティ）の容量は300ccと150cc
b：栽培孔内壁に縦筋の突起（リブ）・底部は開空
c：根はリブに沿って垂下し堅牢な根鉢が形成される
d：根は底の開空部に達すると成長を停止する

ある程度調整できることから、裸苗のように植栽時期に売れ残った苗木を廃棄処分する無駄が比較的少ない。また、春先等に集中する裸苗の出荷作業に対し、他の季節へ出荷を分散でき、苗畑作業の労務の平準化にも貢献できる。さらに、床替え・移植等の作業で腰をかがめ重労働となる裸苗の栽培に比べ、床替えがなく立姿での作業が基本となるコンテナ苗の栽培では、従来の労働環境が改善（労働負荷が軽減）される。今後の苗畑作業における雇用環境（作業員不足・高齢化）の厳しさを考えると、その利点は大きい。

（3）コンテナ苗の開発と普及の経緯

　コンテナ苗に類する鉢付き苗用の栽培容器

表 3-1-1　コンテナ苗と裸苗の苗木生産における相違点

育苗関連の項目	裸苗	コンテナ苗
苗畑敷の広さ	広い敷地が必要 ・露地栽培 ・裸苗の栽培間隔は広い ・床替えや連作障害で休閑畑が必要	敷地が相対的に狭くても可能 ・マルチキャビティコンテナでの容器栽培 ・コンテナ苗の栽培間隔は狭い（栽培密度が高い） ・床替えは不要
土作り・土壌消毒	いずれの作業も必要 ・堆肥や化学肥料で土作り ・立枯病菌や土壌線虫等で土壌消毒が必要	いずれの作業も不要 ［ココナツハスク（繊維）を培地にし、基本的に土を使わない］ 注）土を混ぜると重くなり、苗がキャビティより抜け難くなり、土壌消毒等も必要になる。
除草	必要	基本的に不要
残苗	露地での存置は難しく焼却等の処分	マルチキャビティコンテナで苗の存置が可能
作業機械	耕耘機（プラウ、ハロー、レーキ）	特に必要なし ［キャビティへの播種・育苗等、機械による自動化が可能］
作業労働の軽重	体への負担が重い（腰を屈める作業が主体）	体への負担が軽い（立ち姿での作業が主体）

は、もともと海外で考案され実用に供されていた（コラム1）。日本では、2006～2008年度に実施された林野庁の「低コスト新育苗・造林技術開発事業」において日本産主要造林樹種に最適なコンテナ苗栽培容器の形状について検討が加えられ、MCコンテナの金型の設計・製作等が行われた。

この事業を通じて容量150ccと300ccのMCコンテナが製造されると、2008年春には宮城県の種苗生産組合の関係者がスギのコンテナ苗生産に試験的に着手し、翌2009年春にはそのグループが事業的な生産を始めた。一方、九州でも時を同じくして、九州森林管理局と宮崎の種苗生産者との連携によりスギの挿し木コンテナ苗の試行栽培が始まった。その後、九州森林管理局と森林総合研究所九州支所がコンテナ苗の時期別植栽試験を協働で行い、「いつでも植栽が可能」であることを実証した（山川・重永、2013；山川ら、2013）。2011年度の森林・林業白書でコンテナ苗を初めて取り上げ、2013年度の白書では一貫作業システムにおける一つの重要な要素としてコンテナ苗が紹介された。林野庁は2014年1月に「全国低コスト造林シンポジウム－コンテナ苗による低コスト造林の拡大－」を主催するとともに、コンテナ苗生産施設等の整備に助成する苗木安定供給推進事業等の各種事業を展開、また、各地方の森林管理局はコンテナ苗を活用した一貫作業システムを導入・実践し、率先してコンテナ苗の普及に努めた。ちなみに、MCコンテナ以外にも図3-1-4のサイドスリット型コンテナや図3-1-5のMスターコンテナ（三樹、2011）が開発され、育苗に使われている。

2．コンテナ苗の特質

(1) 形態的特徴

コンテナ苗の大きな特徴は、根と培地が一体化した根鉢が形成されることと、ポット苗などでみられる鉢底での「根巻き（ルーピング）」がないことである。「根巻き」を起こした苗は、植栽当初は一見問題ないようにみえても、発達が阻害され、植栽数年後～十数年後に枯死する事例が確認されている（遠藤、2007）。コンテナ苗は、根鉢付きでありながら「根巻き」による生育阻害や枯死を回避できる画期的な苗なのである。

3.1. コンテナ苗とは？

図 3-1-4 サイドスリット型コンテナ

図 3-1-5 Mスターコンテナ

このような特徴をもつ苗がつくれる秘密は、MCコンテナの構造にある。コンテナ苗を栽培するMCコンテナには沢山の栽培孔（キャビティ）がある。また、栽培孔の内壁にはリブという縦筋の突起構造があり、孔の底はほぼ開放された筒抜け構造となっている（図3-1-3b）。これらの孔に培地として充填するココナツハスクは水苔に類する粗い繊維で軽いため、培地は底部から脱落せず筒内に保持される。ココナツハスクはそれ自体で水持ちがよく、水捌けもよい。その水分特性試験では、コンテナ底面からの水の滴下が終わった時点での体積含水率は80％強で、それらの水は90％程度の孔隙で保持され、しかも植物が利用しやすい領域の水を多く含むことがわかっている（遠藤ら、2005）。

この培地の中を根が伸張する。この時、内壁に達した根は凸状のリブに当たり垂直に下方へ誘導され（図3-1-3c）、回旋せずに成長するので「根巻き」を回避できるのである。Mスターコンテナも基本は同様で、培地充填のために筒状に丸められたポリエチレン製の波形シートの構造がコンテナの鉢に縦方向の筋をつくり、「根巻き」を回避するように工夫されている。

根が成長して底部に達すると、筒抜け構造になっている栽培孔の底で空気に触れ、その成長は停止する（図3-1-3d）。これは「空気根切り」と呼ばれており、従来の裸苗の出荷時に苗を傷つけていた根切りの行程が不要となる。ちなみに、空気に触れると根の成長が抑制される性質を利用して、リブの代わりにコンテナに縦のスリット（隙間）をつくり「根巻き」を回避させるタイプが、スリット型コンテナである。

このようにして苗木の根が「根巻き」することなく培地に拡張充満し、空中根切りされると、根と培地が一体化し、抜き取っても培地が崩れない成型された根鉢付きの苗ができあがる。

（2）想定されたコンテナ苗植栽のメリット

従来の裸苗は、土が落とされ根が露出した状態で出荷される。根は空気に曝され、直射日光や乾燥に脆弱である。そのため、植栽後の活着不良・枯死リスクを避ける必要があり、植栽は早春や晩秋の成長休止期に限定的に行われる。一方、コンテナ苗は、培地に根が密に張り巡らされた根鉢の状態で出荷される（図3-1-6）。そのことから、コンテナ苗が世に出始めた2009

図 3-1-6　出荷のため梱包されたヒノキコンテナ苗

年から、「時期を問わず植栽が可能」、「植栽後すぐに伸び始める」、「裸苗より成長がよい」と言われていた。ただ、当時は未だその明確な科学的根拠となるデータがなかった。その後の農林水産技術会議事務局の「新たな農林水産政策を推進する実用技術開発事業」や「農林水産業・食品産業科学技術研究推進事業」等による研究プロジェクトを通じて上述の通説が検証されることになった。これらの結果については本章次節で詳述する。

３．コンテナ苗生産の現状

　昭和30〜40年代の拡大造林時代、年間30〜40万haの植林がなされた（図1-1-4を参照）。1960年当時、造林面積は最大で40万1,000ha、この時の山出苗木は13億4,000万本で、それは全国に広がる7,236haの苗畑で生産されていた（図3-1-7）。その後、造林面積は減少し、平成20年代には約2万ha台で推移した。2013年度の造林面積は約2万7,000haで、供給された山出苗木は面積678haの苗畑から約5,600万本であった。生産本数は最盛時の約4.2％である。苗木生産事業者の数も造林面積の減少とともに、1970年度当時4万2,113あったものが2012年度で963と減少した（吉村、2015）。

　一方、コンテナ苗生産元年である2009年度に9万本あったコンテナ苗の生産量は、翌2010年度に27万本、その後2011〜2014年度まで対前年度比で約1.5〜2.3倍と生産量を増やし、2014年度の259万本から2015年度には1.8倍の470万本へと増え（図3-1-8）、生産都道府県数も2015年度で34となった。

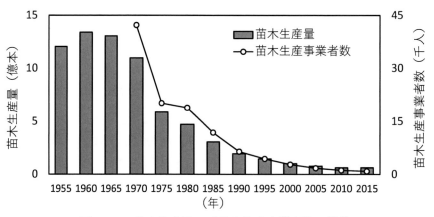

図 3-1-7　苗木生産量及び苗木生産事業者数の推移

林野庁「2015年度森林・林業白書」、林野庁「森林・林業統計要覧2017」及び吉村（2015）をもとに作図

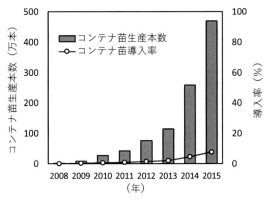

図 3-1-8 コンテナ苗生産の推移
林野庁「2015年度森林・林業白書」及び「2016年版森林・林業白書参考資料」をもとに作図

ただし、全国の苗木生産量に占めるコンテナ苗の割合は 2015 年度で 7.7％である。確実にその割合は増えているが、まだ日本全体への普及という視点からみると大きな流れになっていない。しかし、戦後造成された拡大造林地の主伐・再造林において、コンテナ苗はその低コスト化の鍵となるものであり、再造林の今後の展開においてコンテナ苗の需要は確実に高まると考えられる。

4．コンテナ苗の普及と課題

コンテナ苗の普及に関する話をする前に、もう一つの根鉢付き苗であるポット苗の話をしておきたい。昭和 40 〜 50 年代にかけてポット苗が造林現場へ導入された。泥炭にパルプを添加し成形した鉢（通称ジフィーポット）に、堆肥等の資材を混合した畑土を詰めて栽培した根鉢付きの苗がポット苗である。その導入の謳い文句は、「誰でもいつでも植付け可能で、活着が良く、成長がよい」であった（山内、1976）。今のコンテナ苗の謳い文句と同様である。しかし、ポット苗が山林種苗として普及することはなかった。なぜなら、①ポットに土を詰めたため重くなり、②ポット苗の運搬が重労働で経費がかかり、③苗木価格が割高になったためである。さらに現在は、「根巻き」による生育阻害や枯死も問題となっている。コンテナ苗の普及にあたっては、このポット苗の轍を踏まないようにすることが肝心である。

コンテナ苗の生産者は、苗畑での裸苗の栽培経験をもとに、MC コンテナ苗の栽培技術の開発に挑戦している。開発初期の試行錯誤から、今では生産者の栽培経験をベースにした工夫・改良により根鉢がしっかりした苗木の生産が可能となってきた。今後はさらに一歩進め、「苗を軽くする」、「苗を安くする」ことを基本にして、「低コストで効率的に軽量な健全苗をつくる」という目標に向かって技術の高度化を図る必要がある。

（1）コンテナ苗の軽量化

林野庁が 2015 年度に行った低コスト造林に関するアンケート調査では、コンテナ苗について「苗が重い・根鉢が崩れる・苗の引き抜きが難しい・値段が高い」との課題が指摘されている。このうち前者の 3 つの課題は培地に土を混ぜないことで解決できる。そもそも、林野庁（2009）の資料「JFA-150 コンテナ苗育苗・植栽マニュアル」では、①ココナツハスクやモミ殻が主体の標準培地を使用して育苗した場合、根鉢がしっかりした軽量のコンテナ苗ができるが、②土を相当程度の割合で含む培地で育苗した場合、根鉢が固まった状態にならず、コンテナ苗の取出し時や植栽時に根鉢が崩れる。また、土が多いと重くなり運搬に負担がかかると報告されている。ココナツハスクを基本培地として推奨した理由は、孔隙量が多くて軽く、水持ち・水捌けがよいこと、その上に菌類等をほ

とんど含まず、腐敗や発酵がしにくく、夏期の高温下でも分解が進まないことにある。ちなみに、コンテナ苗の開発当初、過湿害を回避する排水材料としてモミ殻が用いられたが、その後の試験や種苗生産者の栽培実証で、ココナツハスクのみの培地で十分に使えることが明らかになっている。事例13のコンテナ培地の性能評価でも、ココナツハスク100％の培地はポット苗や土を混ぜた培地に比べて軽く、苗の運搬上大きなメリットを持つこと、また、苗木の水ストレスを緩和する機能も非常に高いことが明らかになっている。

しかし、現在の苗木生産で使用されている培地の実態をみると、ココナツハスクに鹿沼土、ピートモス、バーク堆肥、バーミキュライト、赤土、パーライト、モミ殻燻炭等が混ぜられている例が少なくない。これは、先に述べた過去のポット苗生産（土を培地のベースとし、いろいろ混ぜる）の栽培経験と同様な培地づくりであり、その情報が培地用の市販品や培地づくりのマニュアルに反映されている。しかし、これらの混合培地の多くは栽培試験等による検証が不十分であり、以前のポット苗生産と同様の問題が生じる懸念がある。例えば、ココナツハスクに土を混ぜれば重くなる。また、いろいろな資材を混ぜれば生産コストに跳ね返る。生産者が使っている培地を、今一度軽量化・低コスト化の視点で試験・検証することが必要である。

（2）コンテナ苗の低価格化

苗木の価格は地域や樹種や栽培法によって違い一元的に比較はできないが、コンテナ苗は、従来の裸苗に比べて2倍程度の価格差がある。全国の聞き取り調査によれば、通常の裸苗の価格が70～120円であるのに対してコンテナ苗は130～220円である（鹿又、2016）。一貫作業システムを導入してコスト削減を図っても、コンテナ苗の価格の高さでそのコスト削減分が相殺される状況にある（事例2）。何としてでもコンテナ苗の低価格化を実現し、この状

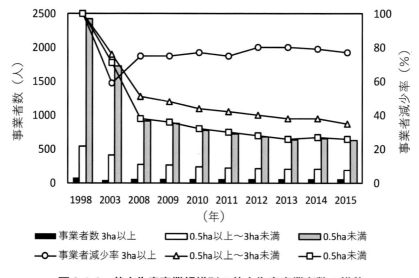

図 3-1-9　苗木生産事業規模別の苗木生産事業者数の推移
注）事業者減少率は1998（平成10）年の事業者数を100としたときの比率
林野庁HP　http://www.rinya.maff.go.jp/j/kanbatu/syubyou/syubyou.html をもとに作図

況を打開しなければならない。

すでに述べたように、種苗生産者は減少の一途にある。今後は、生産者の高齢化、後継者不在による廃業、そして事業体数のさらなる減少が確実視されている。特に減少著しいのは苗畑面積3 ha未満の事業者である（図3-1-9）。3 ha以上の事業者では横ばいである。今後増大する苗木需要、特にコンテナ苗に対する需要の増大に応える安定供給とコンテナ苗の低価格化を実現させるためには、コンテナ苗生産に傾注する事業体等を積極的に支援し、一連の栽培作業の機械化・効率化を促進し（図3-1-10）、生産規模の増大・生産の集中化、全栽培工程の自動化を導く方向での対応が必要である。角田・原（2016）の研究成果では、農園芸分野ですでに普及している播種や土詰めの作業機械の利用が可能であることや、年間苗木生産本数が50万本以上であれば、高価な自動培地充填機などを使用しても人力に比べて低コストで生産できることが示されている。

一方で、苗木生産者が安心して苗木づくりに専念できるシステムづくりも必要である。都道府県域を包含した地方規模レベルで苗木需要量（再造林面積）の複数年にわたる事前通知（把握）と、それに柔軟に対応できる苗木供給調整で需給マッチングを図り安心栽培を担保するシステムである。おそらくこのような役回りが可能なのは、コンテナ苗の大口発注者である森林管理局を中心に県や苗組を含めた調整組織であろう。また、需要者と供給者が個別直接的に予約栽培の契約を結ぶ方法もある。事前契約で種苗生産者に安心栽培を保障し、それに対して低価格な苗木の提供を受ける共存の関係である。よい苗木には購入希望者が集まる市場の原理（競争の原理）が働けば、この契約栽培は、今

図3-1-10　苗畑作業の一部を機械化
a：培地を撹拌する装置
b：培地をMCコンテナに充填する装置
c：充填された培地に挿し穂植つけ用の穴を開ける装置
d：穂木を適正な長さに切断し挿し穂を作成する装置

後の大規模な機械化によるコンテナ苗大量生産への大きな足がかりになると考える。

　コンテナ苗の安定供給には、もう1点課題がある。それは、一貫作業システム実施者側からの注文に応じて、必要な時期に出荷できる苗木供給体制を構築することである。従来の春出荷や秋出荷のみならず、その狭間の期間の出荷を含め通年出荷が可能になれば、苗畑作業や出荷作業の平準化にもつながる。ハウス等の栽培施設の利用も含め栽培工程を見直し（図3-1-11）、灌水や施肥等の方法を見直すことで、コンテナ苗の出荷時期をコントロールできる可能性がある（コラム2）。コンテナ苗栽培は始まったばかりであり、新たな栽培技術の開発や高度化が望まれる。

図 3-1-12　植栽されたスギコンテナ苗
上：直立した苗、下：形状比が高いと湾曲する傾向にある

図 3-1-11　ハウスや灌水施設等を利用した栽培

（3）コンテナ苗の規格化

　栽培技術の高度化には目標となる苗木の姿が必要であり、それが苗木の「規格」である。従来の裸苗には長い栽培経験や植栽実績等に裏打ちされた苗木の規格がある。それに比べて新参のコンテナ苗は、種苗組合等で決めた規格はあるものの、あくまでも暫定的なものであり、科学的根拠に基づくコンテナ苗の規格化を図る必要がある。

　ここで形状比（苗高/地際直径；単位cm）を規格化指標の一例として考えてみよう。形状比は苗木の細さや徒長の指標となる（詳細は次節で解説）。相対的に高密度で栽培されるコンテナ苗は裸苗より細長く育ち形状比が高くなる傾向にある。形状比が高くなると苗は植栽後に直立できず湾曲する（図3-1-12）。ではどのくらいの細さまでなら容認できるのか。植栽後数年の継続調査から、コンテナ苗の形状比は、植栽当初は裸苗より高いが数年で低下し裸苗と同レベルに収斂することが明らかになっている（事例7）。換言すれば、細長い苗は、伸びるより直径を太くして樹体を支える土台をしっかり

させる成長反応を優先させることを意味する。つまり、形状比を指標として規格化を考える場合、コンテナ苗の成長反応を上記のように理解した上で検討する必要がある。

　もう1点、苗木の規格とは直接的には関係ないが、MCコンテナの容量について考えたい。MCコンテナにはJFA150とJFA300の2タイプがある。どちらのタイプが栽培によいのかと論議される。苗木生産者は容量300ccのJFA300より150ccのJFA150の方を使う傾向にある。容量が小さい分、根鉢形成の期間が短くてすみ、出荷に早く漕ぎ着けられるからである。また、苗木を植える立場にある造林業者も軽量な150ccを好む。一方、森林所有者の立場になって考えると、少しでも植栽後の下刈り等の初期保育コストをカットしたいところである。JFA150で育成された苗はJFA300の苗より相対的に小さく、植栽初年度からの下刈りが必要であり、JFA300の苗は大きい分、下刈りを1回省ける可能性がある。一貫作業システムではその可能性がより高まる。ではどちらを選択すればいいのか。雑草木の再生力が強い九州等の地域ではJFA300で、再生力がそれほどでもない東北等の地域では、しかも初期成長がスギより優れるカラマツ苗の植栽においてはJFA150でというように、初期保育コスト削減の視点からMCコンテナを使い分けるべきであろう。ちなみに、この考え方はコラム1で紹介するカナダ・ブリッティッシュコロンビア州での「雑草や食害との闘いが激しい湿潤で肥沃な土壌ほど、大きなキャビティ容量による大型コンテナ苗の利用が推奨される」と同じ考え方である。種苗生産者や造林業者の都合で容量を決めるのではなく、植栽樹種と雑草木の成長ポテンシャルを考慮した科学的根拠に基づいて容量は決められるべきである。

3.2. コンテナ苗の活着と成長

宇都木 玄
森林総合研究所

1．コンテナ苗の活着と根の健全性

コンテナ苗は根の健全性を高めることで高品質化を図っており、植栽可能時期を延ばすことができる。まず、その根拠を科学的にみてみよう。

（1）地上部と地下部の比率

そもそも、苗の活着からみた根の健全性とは、根端が植栽直後に発根しやすい状況であるとともに、地上部との量的なバランスがよいことである。地上部と地下部のバランスの効果については、近年、多くの研究事例が報告されている。

スギコンテナ苗の植栽時の乾燥耐性を調べた例（杉原・丹下、2016）では、細根量に対する地上部の比率（T/R比）が大きい苗（苗高や形状比も大きい）ほど、植栽当初の蒸散速度が低く、細根の成長量が低い傾向が見出されている。同様に、相対的に根量より葉量が多い個体ほど葉の水ポテンシャル（植物体の乾燥度合いで、数値が低いほど細胞が乾燥していることを表し、水ストレスの指標となる）が低下する傾向がある（飛田ら、2017）。さらに、150ccと300ccのマルチキャビティで育てたヒノキコンテナ苗を使った実験では、キャビティのサイズが大きい苗（つまり根量が多い苗）の方が乾燥の進行に対して葉の水ポテンシャルを高く維持できることが報告されている（山下ら、2017）。

このように、同じコンテナ苗でも地上部と地下部の比率が異なれば、植栽直後のストレスの受けやすさが異なる。では、裸苗とコンテナ苗ではどのような違いがあるのだろうか。挿し木スギのコンテナ苗と裸苗を比較した実験では、裸苗の葉内水ポテンシャルは、コンテナ苗のそれより明らかに低かった（乾燥していた）と報告されており（新保ら、2016）、コンテナ苗の地上部と地下部のバランスが裸苗よりも優れていることがうかがえる。このような地上部と地下部の比率がもたらす活着への影響は、実験的にも明らかになっている。ヒノキの摘葉処理（葉を摘んで人工的に減らす）実験（Yamashita et al., 2016）では、裸苗は摘葉することで活着率が向上するが、コンテナ苗では摘葉処理を行っても活着率が変わらなかった（基本的に活着率が高かった）。このことは、コンテナ苗は裸苗に比べて水ポテンシャルの低下が抑えられていることを意味している。

これらの研究事例は、植栽時の活着不良のリスクは乾燥に伴う葉内水ポテンシャルの低下に

起因しており、その低下を防ぐためには植栽時の根量と地上部量のバランスをコントロールする、つまりT/R比を適切にする（小さくする）ことで、乾燥による枯死リスクを低減できることを示している。コンテナ苗の場合、裸苗と違って温室等で成長をコントロールしやすい点、容量の異なるコンテナ容器を用いて根量を制御しやすい点から、各地域で生じる乾燥リスクを最小限にするような地上部・地下部のバランスを持つ苗木を育苗できる。

ただし、植物の成長活性や水ストレスの原因となる気象条件は季節によって異なるため、注意が必要である。事例10で示しているように、カラマツでは6～8月に根の給水能力が低く、細根量も少ない。一方、地上部の葉は水分保持能力が低く枯れやすい状態にありながら、植栽後はその量を増やしている。つまり、地上部・地下部のバランスは季節的に変化する。こうしたことから、カラマツの6～8月の植栽はコンテナ苗であっても注意しなければならない。なお、事例10では、ハードニング（植栽前に潅水を減らし、植物側の生理的な耐性を高めること）や根鉢サイズを大きくして苗の耐乾性を上げることで、ストレスがかかりやすい時期の活着率を上げられる可能性が示唆されている。

（2）根の形態

次に、根の形態からコンテナ苗利用の適性について考えてみよう（図3-2-1）。樹木の根の形態は直根性が強いかどうかによって大きく区分できる。コンテナ苗は直根性が強い樹種に適している（コラム1）。わが国では、スギ、ヒノキ、カラマツにコンテナ苗の利用事例が多く、また、東北地方太平洋沖地震による津波後の緑化木として、クロマツ育苗にも用いられて

図3-2-1　8月に植栽したスギ挿し木コンテナ苗の翌春の根系

いる。クロマツ、スギは直根性が強く、カラマツは中間型、ヒノキは浅根性が強い樹種である（苅住、1979）。クロマツやスギはコンテナ苗としての育苗に大きな問題はないであろう。

スギは直根性であるが、発芽後2年目以降に側根の肥大、伸長成長が盛んであり、数本の太い側根が現れる。筆者も植栽後数年経たスギコンテナ苗を掘り返したが、根鉢の部分からは発根せず、幹基部直下より多くの側根（不定根）がみられ、そこから垂直根が下垂していた。挿し木スギコンテナ苗の根の植栽後の成長を観察した事例11では、根系の発達に関して裸苗と

コンテナ苗で大きな差がないと報告されている。土壌深度や土質の影響もあろうが、スギの場合コンテナ苗の根鉢の特徴（健全性）は1年目の活着率に生かされ、その後の成長には比較的小さい影響しか与えないのかもしれない。つまり、条件のよい日本の土壌環境では、コンテナ苗の「耐ストレス能力」が高度に発揮される時期が植栽後短い期間に限定されることを示唆している。

海外でも同様の報告がある。アメリカアイダホ州においてポンデローサマツを適潤地で育てた場合、植栽直後のコンテナ苗の特徴は1年間で消滅し、その後の成長は立地の環境と遺伝的形質により支配されている（Pinto et al., 2011）。また、マレーシアのアカシアマンギウムでは、コンテナ苗が裸苗の成長を上回るのは1年間で、2年後には樹高成長や幹重量成長の差がなくなる（Kamo et al., 2005：1年間で400cmの樹高成長する立地）。ブラジルにおいて容量の異なるキャビティで育てたテーダマツが、植栽4年後には樹高の差がなくなる（Dobner et al., 2013；2年間で150cm～190cmの樹高成長をする立地）との報告もある。このように、環境条件がよいとコンテナ苗の特徴が短期間で消滅する可能性が高いといえる。

一方、浅根性で明瞭な直根を発達させないカラマツやヒノキは、根端を土壌の浅い横方向に多くつくる。したがって、カラマツやヒノキのコンテナ苗では根鉢を短めに作成しても活着や成長に大きな影響を与えにくい。これら浅根性の樹種のコンテナ苗育成には、横方向にも空気根切りのできるスリットタイプのコンテナがより適していると言えるだろう。このように各樹種が元来持つ根の発達構造に応じてキャビティの形状を最適化することで、適切な苗を育成できる。

（3）実際の活着の事例

それでは植栽試験を行ったうち、コンテナ苗の活着がよかった事例を樹種別にみてみよう。

a．カラマツ

カラマツの実験（事例10）では、特に6～7月の活着率が悪くなっており、乾燥条件と生理的、物質配分的季節性が重なって枯死率が上昇した。一方で、8月～10月には活着率が十分に高く、カラマツ裸苗に比べて秋植栽時期が2か月ほど早められる可能性が示された。また秋（10月）に植栽したカラマツコンテナ苗では、裸苗が半数以上枯死したのに比べ、コンテナ苗では90％以上の生存率を示した（横山・佐々木、2013）。さらに、東北のカラマツでは10月以降の地温の低下により根の伸長が抑制されたが、5月から11月まで活着率は97％以上であった（成松ら、2016）。これらの事例から、コンテナ苗を用いたカラマツでは、秋植栽の期間を延長できるといえる。一方、長野県御代田町に10月植栽されたカラマツでは活着率が65～72％であったが、裸苗の30～40％よりは上回っていた（城田ら、2016b）。

b．スギ

スギについては、宮崎県で年間を通じて活着率が95％を超え（事例8）、一般的な植栽時期である2月の裸苗の活着率と同等か、それ以上であった。岡山県における3月のスギの植栽試験では、植栽後2年間の成績でコンテナ苗が100％と、裸苗（85.7％）より高い活着率を示した（岩井ら、2012）。長野県北部において11月に植栽されたスギでは、コンテナ苗の活着率が90％を超え、一鍬植えの裸苗の活着率

(69%)を大きく上回った（城田ら、2016a）。

c．ヒノキ

ヒノキでは、岡山県において4月、8月、10月に植栽試験が行われ、いずれの時期もコンテナ苗が裸苗に比べて高い活着率を示し、特に8月ではコンテナ苗の活着率（90%）が裸苗の活着率（57%）を大きく上回った（諏訪ら、2016）。

コンテナ苗の活着率のよさは海外でも確認されており（Óskarssona and Ottóssona, 1989）、それは培土が根に付着しているため乾燥時にストレスが少ない（South and Barnett, 1986）、コンテナ苗は裸苗のような掘り取りと根切りが不要なので、根の乾燥や損傷が少ない（Tinus, 1974）、植栽後のコンテナ苗の根の伸長量は裸苗より多い（Rose and Haase, 2005）等の報告がある。

このように、複数の事例でコンテナ苗の活着のよさが報告されている。ただし、壁谷ら（2016）による日本全国にわたるデータの解析結果では、カラマツ、グイマツ、トドマツ、スギ、ヒノキのいずれの樹種においても、コンテナ苗と裸苗の活着率に統計的な差異が認められていない。データの中身を見ると、裸苗は各地域で適切な植栽時期に植えられているが、コンテナ苗は実験的要素もあるため植栽不適期にも植栽されている。不適期も含む時期に植栽されたコンテナ苗の活着率が裸苗と同等であることは、通年を通してみた場合は、コンテナ苗の活着率が高いとみることもできる。一方、個別の条件（地域や植栽時期等）を詳細にみてみると、コンテナ苗の活着が常に裸苗に勝るわけではない。実際の事例でも、極端にコンテナ苗の活着率が落ちる場合が散見されている（壁谷ら、2016）。特に筆者らが茨城県で10月に植栽したスギコンテナ苗は、寒風害により70%以上が枯損した。そのほか、コンテナ苗の初期活着率が低かった例として、北海道のカラマツの5～7月（原山ら、2016）や、長野県のカラマツにおいて、活着率80%未満のプロットが数例みられている（城田ら、2016b）。また、宮城県と福島県においてスギコンテナ苗の秋植栽が20%～30%の枯損率を示したと報告されており、秋植えに伴う寒風害と野鼠害が原因（全国山林種苗協同組合連合会、2010）とされている。

（4）コンテナ苗の活着に関するまとめ

コンテナ苗は、裸苗に比べて植栽可能な時期が延びることは確かである。しかし、急傾斜地や積雪地急斜面、粘土質土壌等の立地（植栽直後の土壌と根鉢の接着性が悪い）、極端な乾燥、秋の活着不良による春の寒風害、霜による浮き上がり、イノシシによる悪戯やシカの食害等も考慮に入れながら、コンテナ苗の植栽時期や植栽場所を検討する必要がある。

特に現場においてはどの程度の乾燥条件までコンテナ苗は耐えられるのか？ これが最重要であり、事例12ではわかりやすく解決のスキームが示されている。ある一定の時間内の乾燥実験において、裸苗に比べたコンテナ苗の明確な優位性が認められ、3週間ほど遡った積算の土壌水分量がコンテナ苗の生死を分ける指標となる可能性が示されている。根鉢サイズや樹種でこうした指標は変化するであろうが、同様の考え方を拡張することで、裸苗も含めた乾燥に対する植栽リスクは大きく減ると考えられる。

2．苗の成長量と形状比

植栽後の苗木の樹高と直径成長（地際直径）

を比べると、はたしてコンテナ苗の成長は裸苗よりも優れているのか。

事例8で紹介された非常に高い活着率を示した試験において、コンテナ苗と裸苗の樹高及び直径成長量は同等であった。宮崎県の挿し木スギでは、コンテナ苗の樹高及び直径成長量は裸苗に比べて若干劣っていた（平田ら、2014）。また、挿し木スギの夏植栽では、植栽直後小さかった裸苗の樹高が、植栽1年後にはコンテナ苗に追いついていた（新保ら、2016）。岡山県の実生スギコンテナ苗でも、2年間の樹高成長は裸苗と同等であり、植栽直後に小さかったコンテナ苗が裸苗を追い抜く成長はみられていない（岩井ら、2012）。長野県北部のスギコンテナ苗の秋植えでは、植栽後1年間は樹高及び直径成長量とも丁寧植えの裸苗より劣っていた（城田ら、2016a）。長野県のカラマツ実生苗では、コンテナ苗と裸苗で植栽後2年間は樹高及び直径成長量ともに差がみられていない（城田ら、2016b）。この報告では、コンテナ苗を大苗（裸苗）とも比較しているが、植栽後3成長期後も大苗の樹高が有意に高かった。下草との競争に重要なのは成長量（絶対的な高さ）であり、通常のコンテナ苗には下刈りの省略までを期待することは難しい。このように、多くの事例で、コンテナ苗の成長が裸苗と同等か、場合によっては裸苗よりも劣るという報告がされている。もちろん、コンテナ苗が裸苗よりよい成長を示した例がないわけではない。例えば、宮城県のスギ3か所（金澤、2012；全国山林種苗協同組合連合会、2010）や、北海道のカラマツ・グイマツ（横山・佐々木、2013）では裸苗よりも優れた成長がコンテナ苗で観察されている。しかし、これらは圧倒的に少数事例である。

コンテナ苗は根の健全性にすぐれているのに、なぜ裸苗に比べてよい成長が現われにくいのだろうか？　その理由は、苗の「形状比（比較苗高：樹高を直径で割った値）」にあるようである。これまでの研究から、苗木の成長量には形状比（比較苗高）が大きな影響を持つことがわかってきている。その事例を紹介しよう。

島根県のスギでは、植栽直後の形状比がコンテナ苗で100、普通苗で60～70であり、植栽後1年間の樹高成長は裸苗が高く、直径成長はコンテナ苗が高かった（岩田、2015）。同様なことが群馬県のスギでも観察されており（石田・中村、2015；中村、2016）、形状比の高いコンテナ苗が裸苗より優れた樹高成長を示した事例は観察されていない。櫃間ら（2015）は、スギを用いて形状比が60程度のコンテナ苗の集団であれば、樹高成長が裸苗と同等以上であるが、形状比が100程度の集団であれば、裸苗と比較して劣ることを報告している。さらに、八木橋ら（2016）によれば、高すぎる形状比は樹高成長に対して負の効果を与える。これを裏付けるように、スギコンテナ苗で植栽時に105であった形状比が1成長期後には69に下がり、2成長期目から樹高成長を著しくしている事例があり（中村、2016）、同様の成長はスギ以外でも観察されている。例えばカラマツでは、植栽時（春）に裸苗より高かったコンテナ苗の形状比が秋には同等となり、植栽時に裸苗より低かった樹高が、植栽2年後には同等になっている（原山ら、2016）。

このように様々な事例をみていくと、植栽後の苗の形状比は一定の値に収束する傾向があるように見える。そこで、植栽後の形状比の変化を複数事例で具体的に比較してみよう。図3-2-2に関東森林管理局内の植栽試験での形状

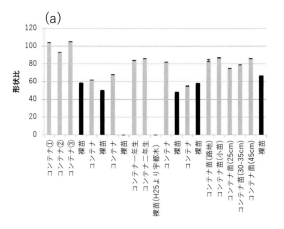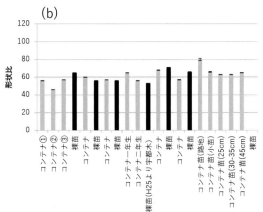

図 3-2-2　関東森林管理局管内におけるスギコンテナ苗と裸苗植栽試験成績
(a) 植栽時点の形状比、(b) 植栽3年後の形状比

比の変化を示した。コンテナ苗の形状比は 55〜104（平均 82）であるが、裸苗は 52〜64（平均 56）である。3 年後には同様にコンテナ苗で 46〜80（平均 61）、裸苗で 53〜71（平均 61）となり、およそ 60 程度に収束している。前述のスギコンテナ苗の成長量がよかった宮城県の事例（金澤、2012）から、筆者が植栽時のコンテナ苗の形状比を計算したところ 69〜74 と比較的低い値であり、植栽直後から良好な樹高成長を示したと考えられる。

　ポプラの仲間を用いた海外の研究でも同様な報告がみられ、形状比の高い個体は植栽直後の樹高成長が抑制される（Landhaeusser and Lieffers, 2012）。コンテナ苗は、使われるコンテナ容器の種類にもよるが、露地栽培の裸苗と比べて育苗中の個体間隔が狭いために（密植状態）、形状比が裸苗に比べて高くなるのは一般的な傾向である（Thompson, 1984）。つまり、出荷時に裸苗と同等の樹高のコンテナ苗の形状比は裸苗より大きく、植栽直後 1 年間以上は直径方向の成長を優先させる。そして、形状比が低下（スギの場合 60 前後）してから樹高成長

を開始すると考えられる。

　前述のように、コンテナ苗の耐ストレス性の特徴は 1 年から数年で消えてしまう可能性を考慮すると、できるだけ形状比を低くしたコンテナ苗を植栽し、植栽現場での活着や初期成長の優位性を発揮させるべきである。

3．苗の運搬と植栽の効率化

　コンテナ苗は裸苗と比べて一般に重く、かさばるため、運搬方法には裸苗とは違った注意が必要である。一方、「現場での長期保管」や植栽工程の効率化といった植栽時のメリットもある。その実態について解説する。

（1）運搬

　種苗業者から植栽現場までの苗の輸送は、種苗業者が苗畑で抜き出した苗をそのまま段ボールやネット袋等に入れて出荷するのが一般的である（図 3-2-3）。また、苗を数本束にして、根鉢をラップする場合もある。マルチキャビティコンテナから苗が抜けにくい場合が見受けられるが、根の健全性を考慮すると、この状態は

第 3 章：コンテナ苗の活用

図 3-2-3　コンテナ苗の輸送方法
ネット袋で輸送されるスギコンテナ苗（a）、段ボールで輸送されるカラマツコンテナ苗（b）及び根鉢にラップをしたスギ M スターコンテナ苗（c）

避けた方がよい。キャビティに土を詰めるときは軽く転圧するにとどめ、根を張らせることで土を抱え込んで崩れないように管理する必要がある。

　コンテナ苗の植栽が一貫作業として行われた場合、伐出機械による運搬が可能となり、根鉢の重さによる運搬の弱点（福田ら、2012：作業時間が裸苗の 22％増し）が解消される。主伐に用いたフォワーダでコンテナ苗を運搬すると、運搬時間は人力の 15％と大幅に短縮でき、コストは 73％と効率化するが、裸苗の場合はフォワーダ運搬でも人力運搬に対してコストの優位性は得られなかった（大矢ら、2016）。また、架線を使ったコンテナ苗の輸送では、林地内の小運搬も含めて人力の 15 〜 30％の人工数で作業ができた（藤本ら、2016）。これらの事例で共通しているのは、機械運搬の距離を長くするほどその効果が大きくなることである。逆に言うと短い運搬距離ではその効果が十分に発揮

されないと言えるだろう。

（2）保管
　コンテナ苗が裸苗に比べて優れていることの一つに「現場での長期保管」があげられる。海外ではコンテナごと現場に運搬し、現場で抜き出して植栽する体制をとっている（宇都木、2016）。その方が、苗をより健全な状態で植栽まで保管できるからである。

　さらに、高知県のスギ・ヒノキコンテナ苗の事例では、抜き取られた苗を地拵えによる枝条の下に保管した場合、約 1 か月間活着率が低下しなかったことが報告されている（事例 6；藤本ら、2016）。

（3）植栽
　コンテナ苗は成型性のある健全な根が大きな特徴であり、専用器具を用いることで植栽作業が容易になる。オーストリアの現場では、コン

テナ苗の最も優れた点は「誰でも簡単に、間違えなく植栽が可能である」ことと評価されている（宇都木、2016）。

日本のコンテナ苗の植栽で試されている植栽器具は、従来からの唐鍬に加えて、ディブル、スペード、プランティングチューブ（PT）がある。PT は口径が小さいため小型の苗に適している。筆者も実際にオーストラリアで PT を試したところ、800 本／人日の速度でユーカリコンテナ苗を植栽することができた。

日本国内で普通苗とコンテナ苗の植栽効率を比較した例を表 3-2-1 にまとめた。北海道のトドマツ・カラマツで 11 〜 50％の効率化（唐鍬、ディブル、スペード、PT 使用時：横山・佐々木、2013）、長野県のカラマツで 40 〜 60％の効率化（唐鍬、ディブル、スペード使用時：大矢ら、2016）、岩手県の緩斜面のスギ・カラマツで 45％の効率化（唐鍬、植栽機：福田ら、2012）が報告されている。一方、40 度の急斜面では斜面にヒノキの植栽穴をつくることが難しく、斜面を崩して植栽できる裸苗の植栽効率が高い例（渡邉ら、2013）や、急斜面のカラマツコンテナ苗では植栽効率が裸苗とほぼ同等になる例（福田ら、2012）も報告されている。

また、猪俣ら（2016）は宮崎県、長野県、静岡県で試験を行い、植栽道具にかかわらず、コンテナ苗は裸苗より植栽能率が高い可能性を指摘している。

いずれの器具を用いても、コンテナ苗の植栽効率は裸苗に比べて概ね上昇する。ただし、急傾斜地では植栽穴を掘るのが困難で、裸苗と同等、または裸苗の方が効率がよい場合もあることに注意が必要である。

コンテナ苗用の専用器具のうち、ディブルやPT は、植栽穴の壁面を押し固める性質がある。特に、スリット付きコンテナ苗はキャビティ横方向にも根端が形成されるため、植栽穴側面が極端に押し固められることは、植栽後の根の発達を考えると好ましくない。粘土質土壌等では特に注意が必要であり、また、急斜面における積雪移動、イノシシ等動物による悪戯によるコンテナ苗の抜け落ちも観察される。土壌条件によっては唐鍬による丁寧な植え付け作業も必要になるだろう。

コンテナ苗は、従来の唐鍬による植栽効率も悪くない。それは唐鍬による穴開け効率が専用器具より高く（猪俣ら、2016）、日本の現場は急斜面が多く専用器具の利用が困難であること

表 3-2-1　コンテナ苗の植栽効率の評価事例

樹種	地域	使用器具	効果（功程削減率）	出典
スギ	島根県	ディブル	有り（50％）	岩田（2015）
スギ	岡山県	PT	有り（60 〜 70％）	岩田ら（2012）
スギ、カラマツ カラマツ	岩手県 同上	専用器具 同上	有り（30 〜 45％） 有り（10％）	福田ら（2013）
トドマツ カラマツ	北海道	唐鍬、ディブル スペード、PT	有り（11 〜 50％）	横山・佐々木（2013）
カラマツ	長野県	唐鍬、ディブル スペード	有り（40 〜 60％）	大矢ら（2016）
ヒノキ	岐阜県	唐桑（裸苗）、らせん状器具（コンテナ苗）	無し（40 度の急斜面では植栽孔作成が困難、裸苗が有利）	渡邉ら（2013）

も影響している。オーストリアでも決まった器具を使っていない（宇都木、2016）。我々日本人の体格に合わせるように柄の長さを改良したり、軽量化する等の工夫が必要であろう。いずれにしてもコンテナ苗は裸苗よりも植栽現場でのハンドリング性能は高く、植栽しやすい苗といえる。

4．誰のためのコンテナ苗？

ここまでみてきたように、現在の日本で用いられているコンテナ苗は、植栽後の成長量に裸苗と大きな差がないことから、育苗の省力化と活着率の向上を目指して普及することになる。そこで、育苗方法や苗の選択について、海外の先行事例をみてみる。

北欧やカナダでは、特に植物が成長できる期間が短いため、温室を使って効率的に栽培できるようコンテナ苗が開発され、現在では育苗の機械化が進み、超大型施設での育苗が効率的に行われている。また寒さや立地土壌条件の厳しさから裸苗に比較して高い活着率が得られ、環境条件の厳しさ故に下草との競合関係が穏やかであるため、小型のコンテナ苗が好んで育苗・植栽されている。同じヨーロッパでもオーストリアまで南下すると、植栽した苗とイチゴ類との競合関係が厳しくなるため、北欧とは違った比較的大型のコンテナ（LIECO社ではコンテナ根鉢のサイズが330ccと390ccの2種類）を使い、日本の裸苗の規格並み（形状比は60前後）のコンテナ苗を3～4年かけて育苗している（宇都木、2016）。一方、オーストラリアでは100cc程のコンテナでユーカリのコンテナ苗をつくり、プランティングチューブで植栽している。オーストラリアは塩害地が多く、それらを大型機械で耕転して植栽するが、競合植生はわずかにみられる程度で、除草作業は皆無である（唯一、ウサギの食害が多い）。さらに、カナダではコラム1のように、環境条件がよくなるほど競合植生や獣害に対応できるよう、大きなコンテナ苗をつくるべきと論じられている。

日本は温暖で雨の多い国であり、植生が豊富で急傾斜が多い。そのため、再造林において最も経費がかかる工程は下刈りと地拵えである。地拵えは平たん地であればクラッシャーやグラップル、急傾斜地ではロングリーチグラップル等で機械化が可能であり第2章でもコストの検討がされている。地拵えを丁寧に行うことで、植栽工程も効率化され、下刈り工程も省略や効率化が可能となる（第4章）。そこで、問題となるのは、下刈りの難しい場所、つまり土壌条件のよい場所に、小型のコンテナ苗を積極的に植栽すべきかどうかである。林業専用道等が近くにあり、競合植生が多い現場には、大きく健全な苗（裸苗でもコンテナ苗でも）を高コストでも植栽し、将来の下刈り回数を減らした方が再造林コスト全体は安くなる可能性が高い。また、土壌環境条件が厳しい場所には、裸苗に比べてストレスに強いコンテナ苗を積極的に活用することが考えられる。

このように、コンテナ苗の導入には、伐採、育苗から植栽及びその後の保育まで、様々な要因が関連している。かりに、コンテナ苗導入の背景にあるのが、伐採業者だけ、種苗業者だけ、森林組合等造林業者だけの単体の利益構造であれば、誰かだけが極端に儲かることになり、林業全体の効率化にはつながらない。そうではなく、再造林を「伐採―育苗―下刈りまでの一連のシステム」としてとらえ、システム全体の効率化の中で苗種選択を考え、利益が全体に配分されることが重要である。

コラム1：海外のコンテナ苗事情

宇都木 玄
森林総合研究所

　海外での林業種苗用コンテナ苗は、容器（キャビティ）でつくられた苗全般を示す。The Container Tree Nursery Manual（1995）によると、「温室のようにコントロールされた環境下で、人工的な培地で栽培される苗。培地の量が限られるため、出荷まで根は培地を結合しながら緊密な成形性を構成する」とされる。当初のコンテナ苗は、高緯度・高標高地域（低温・少日射量）における裸苗生産のリスクを軽減するため、温室を用いた苗生産の方法として考案された。裸苗に対する活着と成長に関する利点は 1.植栽可能期間が長い、2.植栽時のショックが小さく、劣悪な植栽地で有利、3.コンテナごと植栽現場に輸送する場合、植栽までの物理的な障害が少なく、現場での長期間日陰保存が可能、という点が挙げられている。

　アメリカ南部では元来活着率が悪い *Pinus palustris* や、*P. elliottii*、*P. taeda*、*Pseudotsuga menziesii* 等マツ科の樹種に多く用いられ、*P. palustris* と *P. taeda* に至ってはそれぞれ61%、35%がコンテナ苗として生産されている。カナダのブリティッシュコロンビア州では環境傾度で利用樹種とキャビティサイズ（容積）を分けており（図3-C1-1）、雑草や食害との闘いが激しい湿潤で肥沃な土壌（better outplanting sites）ほど、大きなキャビティ容積による大型コンテナ苗の利用が推奨されている（Scagel *et al.*, 1993）。また、コンテナ苗は水不足などに対する高ストレス耐性が特徴なので、荒れた土地での植栽や、不慣れな人による植栽に適した苗種であり、劣悪な場所に植栽した場合に苗の生理的・構造的特徴による高ストレス耐性が長期間継続するといわれている。北欧では1960年代までは裸苗しか使われていなかったが、1970年代以降植栽工程のコストダウンと、植栽可能時期（冬季が長いため重要である）の拡大に有効とされ、1980年代からコンテナ苗の利用が進んだ。樹種としては主に *Pecea Abies*、*Pinus sylvestris*、*Betula pendula* に用いられ、フィンランドではそれらの90%がコンテナ苗として生産されている。

　なお、コンテナ苗は比較的直根性の高い樹種に適しているとされている。根系の形態を一般化するのは難しいが、おおよそ *P. Abies*、*B. pendula*（日本のカンバ類から類推）は浅根性、それ以外の *Pinus* 属や *Pseudotsuga* 属は直根性である。

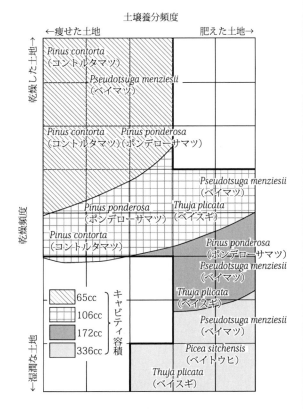

図3-C1-1　カナダブリティッシュコロンビアにおける苗木の扱い方

コラム2：実生スギコンテナ苗の栽培期間を短縮する

藤井 栄

徳島県立農林水産総合技術支援センター

　ここでは徳島県のスギコンテナ苗栽培期間短縮の試みを紹介する。栽培スケジュールを図3-C2-1に示す。実生スギコンテナ苗生産者の多くは、まず3～4月に露地に播種し、1成長期間育苗する。翌春1～3月、裸苗の床替えと同時期にコンテナに毛苗を移植し、さらに1成長期間を経て出荷可能なサイズに育てる。この方法では、従来の裸苗生産と同等の2成長期を要し、1成長期目の除草や掘り取りといった重労働が発生する。また、裸苗と作業時期が重複し、生産者の労務負担が大きくなる。こうした問題を解決するため、従来の露地栽培をせず、現状で2成長期かかる栽培期間を1成長期に短縮するスギコンテナ苗生産を目指した。

育苗方法	3	4	5	6	7	8	9	10	11	12	1	2	3	4	5	6	7	8	9	10	11	12	1	2	3
裸苗	播種										掘取・床替												掘取・出荷		
	露地（畑）																								
コンテナ苗	播種										掘取・コンテナ移植							抜取・出荷							
	露地（畑）													露地（施設）											
コンテナ苗（期間短縮）					育苗箱播種													抜取・出荷							
						コンテナ移植																			
						ハウス（施設）								露地（施設）											

図3-C2-1　栽培スケジュール

○夏や秋に播種してハウス栽培

　8月及び10月にハウス（無加温）で育苗箱に播種する。両時期とも発芽後、ココナツハスクに緩効性肥料を混和・充填したコンテナ容器に移植して冬を越させ翌春4月までハウス内で栽培する。その後はハウスの外へ出し露地の育苗施設で栽培する。このようなスケジュールで栽培を試み、成長の早いコンテナは10月、残りのコンテナは翌年3月に苗木を抜き取って得苗率（樹高35cm以上で根鉢が崩れないもの）を算出した。10月での得苗率は8月播種で79％、10月播種で78％だった。翌年3月では8月播種で71％、10月播種で67％となった。本県の苗木生産者は得苗率70％を目標にコンテナ苗を生産していることから、8月播種で実用的目標を達成している。10月播種についても、かん水や施肥方法等を見直せば得苗率の向上は可能と考えられる。

○栽培期間を短縮した育苗法の普及

　この成果は徳島県内のすべての苗木生産者で応用され、1年を通した播種及び出荷が可能となっている（表3-C2-1）。これに伴って、林業事業体からの苗木の委託生産といった取り組みも行われ、1年を通した植栽が一般的になっている。また、従来の苗畑での重労働が不要となり、苗木生産経験のない生産者の新規参入も促進されている。

表3-C2-1　徳島県スギコンテナ苗月別出荷実績（2016～17年）

出荷月	8月	9月	10月	11月	12月	1月	2月	3月	4月	5月	6月	7月
出荷本数（千本）		5	25	19	52	17	47	22	13	7	24	2

コラム3：充実種子の選別と一粒播種技術の開発

宇都木 玄
森林総合研究所

　日本の主要造林樹種であるスギ・ヒノキ・カラマツの種子は発芽率が低い（10〜50％程度、残りは不稔種子）ため、コンテナに播きつけた種子が発芽しないことが多く、育苗と歩留まりが悪くなる。これを避けるために、コンテナでの育苗では各キャビティに複数の種子を播いて（複粒播種）、複数の種子が発芽した場合は間引きを行うか、または別の発芽床で発芽した実生をコンテナに移植する必要がある。これらの作業は育苗効率を下げ、また、コンテナ苗の値段にも反映されることになる。この問題を克服するために、発芽の確率の高い種子（充実種子）を選別し、一粒ずつ播く（一粒播種）ことを実現する技術開発が行われている。

　私たちの目に見える可視光は、波長が380〜780nmの範囲にあり、それに近接する光は短波長側が紫外光、長波長側が赤外光（〜1000μm）と呼ばれる。赤外光の波長域では、種子を構成する有機物が化学構造に依存した固有の光反射（吸収）スペクトルを示す。また、赤外光は透過性が高いため、種皮等の薄膜を隔てた内側の性質を調べるのにも適している。この性質を利用して充実種子と不稔種子の光吸収特性を調べた結果、充実種子は不稔種子よりも、1,730nm（ナノメートル）付近の赤外光を吸収しやすい性質をもっており、赤外線カメラに「暗く」映る種子ほど、充実種子である可能性が高いことが明らかとなった。そこで1,730nm付近の反射率の差を表す指標（充実種子指標：SQI）を開発して解析した結果、95％という非常に高い確率で充実種子を選別することに成功した（Matsuda et al., 2015；原ら、2016）。この方法で選別した種子を、一粒播種機などの農業機械を併用してキャビティに播種できれば、コンテナ苗の育苗が飛躍的に効率化され、さらに播種から苗木の出荷までの多くの工程を自動化できる可能性がある。実生コンテナ苗育成の手間やコストを大幅に削減できる革新的な技術として、早期の実用化に期待が持たれる。

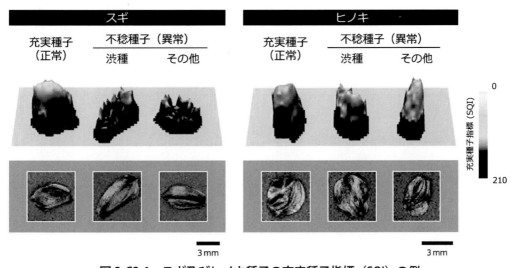

図 3-C3-1　スギ及びヒノキ種子の充実種子指標（SQI）の例
SQIを三次元的に表すことが可能になり、SQI値が低い種子ほど、充実種子であると判断できる。閾値を適切に設けることで、95％の高い確率で充実種子を選別できる。

第3章：コンテナ苗の活用

事例7：形状比の低いコンテナ苗の方が良好に成長する

八木橋 勉
森林総合研究所東北支所

○**コンテナ活用による育苗期間の短縮**

東北地方は寒冷地や多雪地が多く苗の成長が遅いため、スギの場合、従来普通苗と呼ばれてきた裸苗では、播種から3成長期間にもわたって育苗されたものが多く用いられてきた。コンテナ苗にはこの育苗期間を短縮するメリットが期待されており、将来的には1成長期間で山出しすることも目標に置かれている。現状ではコンテナ苗を2成長期間で山出しする場合が多いが、2成長期間で山出しすることが少ない裸苗に比べれば、育苗期間の短縮を図ることができているといえる。

○**寒冷な東北地方でも植えられるのか？**

一般に裸苗の春植えは芽が成長を始めるまでの時期に限られる。しかし、東北地方の多雪地では林道の通行が可能になるのが6月であり、裸苗の植栽適期を過ぎてしまうことがあるため、根鉢があり植栽可能時期が長いコンテナ苗の方が有利になる。こうした利点から、まだ価格は高いものの東北地方でもコンテナ苗の利用が増加してきている。しかし、苗畑で3成長期間育苗された裸苗に比べると、高密度で育苗されたコンテナ苗は徒長気味に見える場合も多く、特に積雪前の秋植えの現場では、本当に活着するのかと、不安の声を聞くこともある。そこで実際に東北森林管理局が東北各地に植栽したコンテナ苗の活着率をみてみると、太平洋側・日本海側問わず、春植え・秋植えともに、コンテナ苗は裸苗と同等かそれ以上の活着率を

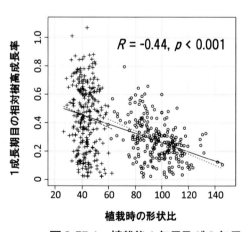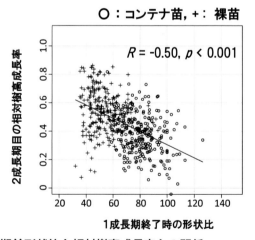

図 3-E7-1　植栽後1年目及び2年目の期首形状比と相対樹高成長率との関係

左図：植栽時の形状比に対する1成長期目の相対樹高成長率、右図：1成長期終了時の形状比に対する2成長期目の相対樹高成長率。Rはピアソンの相関係数を示す。コンテナ苗と裸苗で形状比の範囲が重なっていない1成長期目については、苗種別の回帰直線も点線で示した（裸苗 $R = -0.13, p < 0.05$, コンテナ苗 $R = -0.42, p < 0.001$）。
（八木橋ら、2016を一部改変）

示していた。したがって、活着に関しては問題がない。ところが、成長についてもみてみると、コンテナ苗は裸苗よりもよい場合もあれば、悪い場合もあった。

○形状比（比較苗高）による成長の違い

　筆者らは、最大積雪深が1m前後の2か所において、それぞれ裸苗とコンテナ苗の成長を比較した。その結果、やはりコンテナ苗の活着率は非常に高く、どちらの場所でも植栽後1成長期間を経過した時点で99％以上であった。しかし、成長については、形状比（比較苗高）（苗高／地際直径）による差がみられた。具体的には、コンテナ苗の樹高成長は、植栽時の苗の形状比が平均60程度の集団では裸苗を有意に上回ったが、平均100程度の集団では、裸苗と比較して有意に劣った（詳しくは、櫃間ら（2015）を参照）。このことから、コンテナ苗は東北地方でも良好な成長をする能力はあるが、そのためには、植栽時の形状比を低く保つ必要があることが示唆された。そこで、形状比のばらつきが大きめの集団において、形状比の異なる個体の成長の違いについて検討したところ、裸苗、コンテナ苗ともに、形状比の高い個体は、樹高成長は小さく（図3-E7-1）、直径成長を大きくする傾向があることが明らかになった。これは、個体の大きさを配慮した相対成長率でみた場合だけでなく、樹高成長量でみても同様の傾向であった（詳しくは、八木橋ら（2016）を参照）。

○苗の形状比が低いことの利点

　東北地方では、寒冷な気候そのものがコンテナ苗の生存に影響することはなかったが、植栽後に競合植生に被圧されないためには、樹高成長の期待できる形状比の低い苗が必要である。特に東北地方の北部などは、空梅雨となる年も多く、蒸散する枝葉などに対して、水分を吸収する根の量が重要になる。コンテナ苗の場合は根詰まりが起こるので限界はあるものの、基本的には直径が増加すると、裸苗、コンテナ苗ともに根系サイズが増加する（Grossnickle, 2012）。つまり、同じような苗高であれば、太い苗ほど形状比が低く、根の量も多いと考えられる。基本的には、形状比の低い苗には、根量が多く、成長が期待できるという利点がある。徒長気味の苗の方が、一度に苗木袋に入れられる本数が多く、便利かもしれないが、なるべく形状比の低い苗を植栽した方が、植栽後の成長がよく、下刈りの回数に違いが出る可能性もある。

　なお、近年、東北地方では、コンテナ苗生産の際に、懸架して空気根切りを行う代わりに、地面に置いた状態で育成し、成長期の後半に地面から持ち上げて断根して懸架するなどして根鉢をつくらせる方法を見かけるようになった。こうした育成方法では、成長期前半に地面に伸びた根の量によっても形状比が影響を受けるので、出荷された苗の形状比から、植栽後の成長が予測できなくなる可能性もある。やむを得ず、こうした育苗方法をとる場合には、懸架後の期間を十分にとり、コンテナ内部での根の量が形状比に反映されるようにする必要がある。

事例8：コンテナ苗をいつ植える―活着と成長への効果

山川博美・重永英年
森林総合研究所

コンテナ苗は、植栽可能時期の拡大と成長がよいことによって早期に下刈りを終えられることへの大きな期待が込められて導入が始まった。2010年の導入当初はこれらを示す根拠がなかったため、九州森林管理局と共同でコンテナ苗の時期別植栽試験を始めた。

場所は宮崎県宮崎市の国有林で、スギのコンテナ苗を2010年8月3日、10月28日、12月20日、2011年3月22日及び5月26日に植栽した。また、2月の植栽時には裸苗も植栽した。苗木は、九州で一般に用いられる挿し木苗を用いた（詳細は、山川ら（2013）を参照）。

○意外に難しい植栽試験

樹木の成長は地形などの立地環境の影響を受ける。そのため、本調査地においても、できる限り地形の影響を排除するように平衡斜面を選んで植栽した。しかし、わずかな地形の影響のためか、8月及び10月植栽の斜面下部や、2月植栽（コンテナ苗・裸苗）の斜面上部で、パッチ状に成長が良いところがみられた（図3-E8-1）。ここでは微地形の影響を受けていないと考えられる範囲（図3-E8-1の灰色の部分）のデータを紹介する。

○植栽時期は拡大できるのか？

コンテナ苗の活着率はすべての植栽月で94％以上であった。これは、一般的な植栽時期である2月に植栽した裸苗の活着率（95％）と比較しても、同等かそれ以上の成績であり、植栽時期の違いは活着にほとんど影響していなかった（山川ら、2013）。したがって、コンテナ苗は植栽時期の拡大に貢献できそうである。ただし、他の事例では寒風害などによって活着率が悪かった例も報告されており（壁谷ら、2016）、立地環境によっては注意が必要である。

○下刈り回数の削減に貢献できるのか？

2月植栽のコンテナ苗と裸苗の樹高と地際直径の5年間の成長はほとんど同じであり（図3-E8-2）、コンテナ苗の成長が優れているとはいえなかった。また、形状比は植栽1年目に上昇し、その後低下する傾向が認められ、実生のコンテナ苗の形状比の変化（八木橋ら、2016；事例7；事例9）とは異なった。

時期をずらして植栽したコンテナ苗の成長は、8月に植栽したものが若干ながら良好な傾

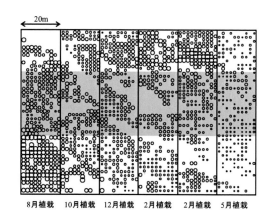

図3-E8-1　簡易樹木位置図と5年生時の植栽木の樹高分布

○のサイズが樹高の大小を表す。図中の上側が斜面上部、下側が斜面下部。

事例8：コンテナ苗をいつ植える―活着と成長への効果

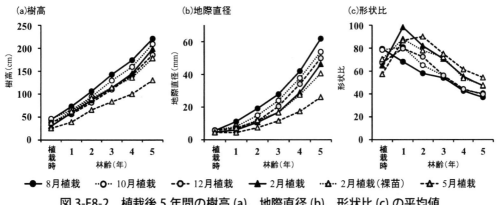

図 3-E8-2　植栽後5年間の樹高(a)、地際直径(b)、形状比(c) の平均値

向があり、成長休止期となる10月、12月及び2月に植栽したものは同程度であった（図3-E8-2）。植栽後、最初の春（4月）に根系を観察すると、成長期途中の8月に植栽した苗木は、成長休止期の10月、12月及び2月に植栽した苗木と比較して、元の根鉢がわからないほどに根系が発達していた（山川、2016）。その結果、8月植栽の苗木は植栽翌春の地際直径の成長が良好で（山川ら、2013）、これは8月植栽の形状比が植栽後に高くならなかったことに関係していると考えられる（図3-E8-2）。したがって、伐採後の作業スケジュールを考えると、伐採が終わったら春期を待たずすぐに植栽して、うまく活着すれば翌春以降の成長を有利にできる可能性がある。

その成長の有利さを評価する際に、真っ先にあげられるのは下刈りを省略できるかどうかである。最近、植栽木の樹高が150cmを超えるとその年の下刈りが省ける可能性が出てくると報告されている（詳しくは、第4章を参照）。そこで、樹高150cmに達した植栽木の割合を計算した（図3-E8-3）。完璧を求めれば全個体が150cmを超えることが必要かもしれないが、除伐や初回間伐での切り捨てを考慮すれば林分全体の7～8割程度が150cmを超えていればいいと考えられる。かなり強引だがこの基準で判断すると、8月植栽は4成長期終了後で7割以上の個体が150cmを超えており、5年目の下刈りを省ける可能性がある。さらに5成長期終了後には5月植栽を除くすべての植栽時期で150cm以上の個体が8割を超えており、6年目の下刈りを省ける確率は高そうである。つまり、2月植栽だとコンテナ苗と裸苗で下刈りを省略するタイミングは同じだが、8月植栽では1年程度早く下刈りを省く判断ができそうである。ただし、植栽木の成長は植栽時期の影響以上に地形が強く影響しているため（図8-E3-1）、地形が複雑な林地では成長の立地間差を考慮する必要がある。

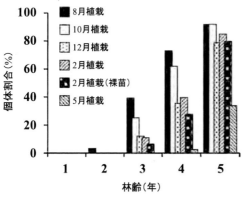

図 3-E8-3　樹高150cmを超えた植栽木の割合

事例9：ヒノキコンテナ苗の通年植栽と成長の関係をみる

渡邉仁志
岐阜県森林研究所

○ヒノキコンテナ苗は通年植栽ができるのか？

皆伐・再造林を低コストかつ確実に実施する一貫作業システムの導入条件になるのは、「植栽時期を選ばない」というコンテナ苗の特性である。これまでの研究では、スギ、クロマツ、カラマツなどいくつかの樹種でコンテナ苗の植栽時期が検証されている（例えば、山川ら、2013）。しかし、ヒノキの事例は限られており、筆者の勤務する岐阜県を含む中部山岳地域における事例が不足している。

また、植栽時期に関するこれまでの研究は、主に苗木の活着率に注目したものが多く、複数年の成長に及ぼす影響までは十分に検証されていない。しかし、保育費用の軽減という目的に照らせば、植栽した苗木がどのような成長を示すのかを評価しておく必要がある。なぜなら、植栽後の伸長成長次第では下刈り回数の軽減どころか下刈り終了時期の遅延にも影響するからである。そこで、岐阜県内の寒冷寡雪地にヒノキを季節別に植え、活着率と成長を調査した（詳細は、渡邉ら（2017a）を参照）。

試験に用いたのは、ヒノキの実生コンテナ苗である。植栽前年の春に、ヒノキ用培土と緩効性肥料（N16-P5-K10、溶出期間700日タイプ）の混合培地で充填したマルチキャビティコンテナ（JFA-300）に1年生稚苗を移植し、13～19か月間育成した。これを、2014年4月（春）、同年7月（夏）、同年11月（晩秋）の3回、岐阜県下呂市の皆伐跡地へ植栽した。

ヒノキの植栽適期は岐阜県では4月中か10月上旬のわずかな期間であるが、今回の試験では植栽適期の春植えだけでなく、どの季節に植栽したコンテナ苗も8割以上が活着し、比較対象で植えた春植え裸苗以上の成績を示した。特に、晩秋に調査地のような寒冷寡雪地に植えると、土壌凍結によりコンテナ苗が倒伏したり活着率が低下したりする場合があるが、本試験ではそのような事例は発生しなかった。

図3-E9-1は、植栽時と植栽1～3年目期末における苗木の樹高、地際直径、比較苗高（樹高／地際直径）である。まず、裸苗の成長と比べると、春植えのコンテナ苗は、植栽2年目までの伸長成長量と肥大成長量がともに大きかった（図3-E9-1a、b）。これは植えた後も元肥の肥効が持続していたためである（渡邉ら、2017b）。次に、夏植えや晩秋植えのコンテナ苗は、春植えの裸苗やコンテナ苗より植栽時の比較苗高が高かった（図3-E9-1c）。これらのコンテナ苗は植栽時の樹高が大きかったにもかかわらず、生育期間が短かった植栽当年だけでなく、2年目にもほとんど伸長成長しなかった（図3-E9-1a）。つまり、今回の山出し方法では、成長低下の影響が長く続く可能性がある。

ただし、この結果については別の解釈もできる。つまり、成長休止期である前年の晩秋に植えた3年生コンテナ苗と翌年の春に植えた2年生コンテナ苗は、2成長期後（図では晩秋植えの3年目、春植えの2年目の樹高に相当する）には同じ樹高になるという見方である。したがって、晩秋植えは苗齢が1年高くなるものの、

事例9：ヒノキコンテナ苗の通年植栽と成長の関係をみる

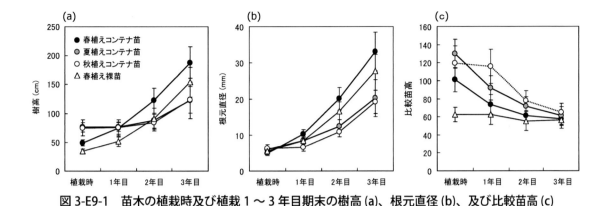

図 3-E9-1 苗木の植栽時及び植栽1～3年目期末の樹高(a)、根元直径(b)、及び比較苗高(c)
バーは標準偏差を示す。

植栽にかかる労働を分散でき、なおかつ植栽後の実成長期間が同じならば春植えと同等の樹高になるといえる。とはいえ、この場合でも期間延長による育苗コストの増大や、比較苗高の高い苗木に気象害リスクが伴うことを知ったうえで、植栽時期を検討する必要があるだろう。

○なぜ成長しなかったのか？

実は、夏植えや晩秋植えのコンテナ苗は春植え用に育成した苗木を試験的にそれぞれの植栽時期まで残しておいたものであったため、元肥の影響によりコンテナ内で徒長してしまっていた。これらの苗木は植栽後に肥大成長を優先し（図 3-E9-1b）、まず比較苗高を裸苗のそれ相当（60 付近）まで低下させた後（図 3-E9-1c）、比較苗高が安定した植栽3年目になってようやく伸長成長をはじめたと考えられる。つまり、植栽後に速やかな伸長成長を確保するためには、比較苗高の低い苗木を山出ししなければならないといえる。

○通年植栽を事業的に展開するには？

岐阜県の苗木生産現場は、春植えにあわせたスケジュールでコンテナ苗を生産しているため、現状で春以外に植栽したい場合、春植え用の苗木を残しておく（本試験の状態）か、翌春に植栽予定の苗木を前倒しして使う必要がある。残しておいた苗木は、植栽後の伸長成長が遅延する可能性があるし、当年生苗木は根鉢の形成が不十分だという指摘もある。したがって、コンテナ苗の通年植栽を事業的に展開するためには、それぞれの植栽時期に苗木が適切な形状になるよう、播種・移植の時期や管理方法を最適化した生産体制が求められる。加えて、コンテナ苗を用いた低コスト再造林を実現するためには、目的にあわせて「どんな」コンテナ苗をつくり、植えるのかを考えていかなければならない。そのためには、種苗生産者と植栽・保育作業者がこれまで以上に情報交流する必要がある。

事例 10：カラマツコンテナ苗が枯れた原因を探る

原山尚徳[1]・来田和人[2]
[1] 森林総合研究所北海道支所
[2] 北海道立総合研究機構林業試験場道北支場

○いつでも植栽できるのか？

コンテナ苗への期待の一つに、裸苗では不可能な時期でも植栽できることがある。実際、宮崎県で行われたスギ挿し木コンテナ苗の試験では、裸苗植栽不適期に植栽したコンテナ苗が、植栽適期に植栽した裸苗と同等以上の活着率を示し、植栽当年の成長も認められ、通年植栽が可能であると報告されている（山川ら、2013）。しかし、樹種や地域が異なればコンテナ苗の耐乾性や降水パターンも異なるため、違った結果が生じる可能性がある。そこで、冷温帯の主要造林樹種であるカラマツを対象に、梅雨がなく降水量が少ない北海道で毎月植栽試験を行った（詳細は、原山ら（2016）を参照）。

キャビティ容量 120cc のコンテナにカラマツ種子を直接播種し、1 成長期間育成した。雪下で保管した後、翌年 5 月に屋外に出し、コンテナ育苗を続けながら 5〜10 月に毎月植栽した。なお、北海道の裸苗植栽適期は、4〜5月（雪解けから開芽するまで）と 10〜11 月（冬芽形成後から積雪まで）である。5、8、9、10 月に植栽したコンテナ苗の生存率は、5 月に植栽した裸苗（80％）と同等以上だったのに対して、6、7 月の植栽苗はそれぞれ 62％、22％と低く（図 3-E10-1a）、植栽不適期が認められた。

生き残った苗の翌年秋の樹高は、6、7 月植栽では 5 月植栽より 20cm ほど低く、8、9 月植栽では 10 月植栽より 10cm ほど高かった。このことから、コンテナ苗の樹高成長は、春植え時期を遅くすると抑制され、秋植え時期を早くすると促進されたといえる。

○なぜ枯れたのか？ －苗の問題－

6、7 月植栽苗が枯死した要因の一つは、コンテナ苗の耐乾性にあった。苗には植栽直前まで毎日灌水していたが、苗の耐乾性は植栽月で異なっていた。細根の吸水能力低下の指標となる電解質漏出率は 7、8 月苗で高く（吸水能力は低い）、葉の耐乾性の指標となる圧ポテンシャルを失うときの葉の水ポテンシャル（Ψ tlp）は 6〜8 月苗で高かった（耐乾性は低い；図3-E10-2a）。また、細根量は 6〜8 月に少ないのに対して、葉量は 7、8 月に多く、6〜8 月植栽苗で蒸散による脱水が進みやすい器官配分をしていた（図 3-E10-2b）。これらの結果をまとめると、開葉したコンテナ苗の耐乾性は低い順に、7＜8＜6≪9＜10 月であった。

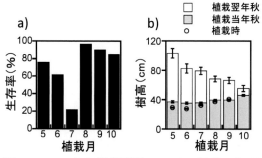

図 3-E10-1　毎月植栽試験における植栽翌年秋（10 月）の生存率（a）及び植栽時、当年秋、翌年秋の樹高（b）

誤差バーは標準誤差を表す。（原山ら 2016 を一部改変）

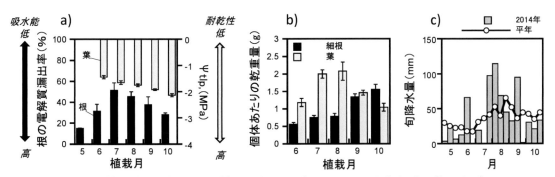

図 3-E10-2 毎月植栽時の細根の電解質漏出率と圧ポテンシャルを失う時の葉の水ポテンシャル（Ψ_{tlp}）(a)、細根、葉乾重量 (b)、植栽年の各月旬別（上旬、中旬、下旬）降水量 (c)
誤差バーは標準誤差を表す。降水量のデータは植栽試験地の近隣アメダスデータから得た。（原山ら、2016を一部改変）

○なぜ枯れたのか？ －気象の問題－

　枯死したもう一つの要因は、植栽後の土壌乾燥にあった。植栽年の月降水量は、6、8月で平年より4〜5割ほど多く、7、9月で平年とほぼ同じであり、試験期間全体では十分な降雨があった。ただし、6月下旬や7月中旬にはほぼ雨が降らず（図3-E10-2c）、この時期の土壌含水率は他の時期の半分以下だった。耐乾性が低かった6、7月植栽苗は、植栽後の厳しい土壌乾燥に耐えられず、枯れてしまったのだろう。

　最も生存率が低かった7月植栽時には、植栽1〜2日前に19.5mm、植栽11〜12日後に12mmの降雨があったが、土壌含水率は10%から15%への一時的な増加に留まり、土壌の乾燥は回復しなかった。一方、苗の耐乾性が7月同様に低かった8月植栽時には、7月後半から植栽まで100mm以上の降水があり土壌含水率は30%程度まで回復し、苗の生存率は高かった。したがって、十分な降水や土壌水分があれば、耐乾性が低いコンテナ苗でも植栽可能といえる。

○通年植栽に向けて

　7月植栽の生存率向上を目指し、植栽試験の翌年に、通常育苗したコンテナ苗の灌水頻度を5月から2か月間、週2回に減らし、7月に植栽し10月に生存状況を調べた。前年同様、キャビティ容量120ccコンテナで毎日灌水した苗の生存率は74%だったのに対して、週2回灌水では93%と大幅な改善がみられた。また、キャビティ容量150ccコンテナで育てた苗では、毎日灌水で87%、週2回灌水で97%と高い生存率を示した。キャビティサイズが大きいコンテナを選択したり灌水頻度を抑制したりすることで、耐乾性の向上や生存率の向上が期待できそうである。

　日本全国の植栽試験地データを解析した研究では、裸苗とコンテナ苗の生存率や成長速度が同程度であったと報告されているが（壁谷ら、2016）、北海道でのカラマツ植栽事例をさらに多数集めて解析したところ、全道平均の生存率は裸苗81%に対してコンテナ苗96%であり（津山ら、2018）、降水量が少ない北海道ではコンテナ苗植栽に優位性が認められた。今後コンテナ苗が本格導入される際には、コンテナ苗の性能をより高度に活かすため、育苗方法やキャビティサイズ、植栽地での降水パターンや土壌水分状態等を考慮に入れた植栽計画を立てる必要がある。

事例11：挿し木コンテナ苗と裸苗の根の伸び方を比較する

平田令子・伊藤 哲

宮崎大学農学部

　コンテナ苗はポット苗のように根巻きがなく、植栽後すぐに根を発達させることから、活着が優れるとされる。しかし、コンテナ苗が植栽後に地下でどのような根系発達をさせているのかはわかっていない。そこでここでは、宮崎県で生産されているスギ挿し木コンテナ苗を用いて、植栽後の地上部成長とともに根系発達にも着目して調査を行った（詳細は、平田ら（2014）を参照）。

　植栽場所は宮崎大学田野演習林である。比較対象としてスギ裸苗も一緒に植栽した。ここで用いた苗は、コンテナ苗も裸苗も1年生のスギ挿し木苗（タノアカ）である。コンテナ苗は300ccのマルチキャビティコンテナ（JFA300）を用いて育苗されたものである。

○地上部の成長は同等

　植栽は2011年2月に行った。苗の成長にとって一番よい時期に植えたためか、活着はコンテナ苗と裸苗で大差なく、どちらも良好であった。苗高については、植栽当初からコンテナ苗は裸苗よりも低かったが、その後2年経ってもコンテナ苗のほうが低いままであった。地際直径も苗高と同様にもともとコンテナ苗の方が裸苗より小さく、2年後もコンテナ苗の方が小さかった。形状比については、2年間で両者間に差がみられなくなった。結局、今回のケースでは、コンテナ苗の初期成長は裸苗と同程度であった。

○根系の発達は2タイプ

　本調査では、重量と形態についても分析した。2011年2月に植えた苗を、2011年7月、2012年2月、8月、11月と計4回、各10本ずつ掘り取った。

　根量を比較した結果は、地上部の結果と同様に、必ずしもコンテナ苗の優位性を示すものではなかった。植栽時のコンテナ苗の根量は裸苗よりも少なく、植栽1年目でその差は大きく開き、2年目においても差が解消されることはなかった。

　図3-E11-1は植栽後のコンテナ苗と裸苗の根系形態を模式的に示したものである。ここで、育苗期間中のコンテナ苗の根系発達について知っておく必要がある。挿し木の軸から発根した根はキャビティ（育成孔）側面にぶつかった後、側面に施されたリブに沿って下垂を始める。そして、底面に到達して空気に触れると、伸長を止める（空気根切り）。ところが、キャビティ側面にぶつかった根がすべて下垂するとは限らない。そこで分枝し、側面に沿って上方に伸長することもある。この場合、根は培地上面に到達して伸長を止めることもあるが、方向転換して再び下垂することもある。このように、キャビティ内では根が細かく枝分かれし、様々な方向に根が伸長した状態となっている。したがって、これらの根が植栽後もそのまま伸長するのであれば、コンテナ苗の根系は水平方向にも垂直方向にも伸びた形態となるはずである。

　掘り取ったコンテナ苗の根系形態には2タイ

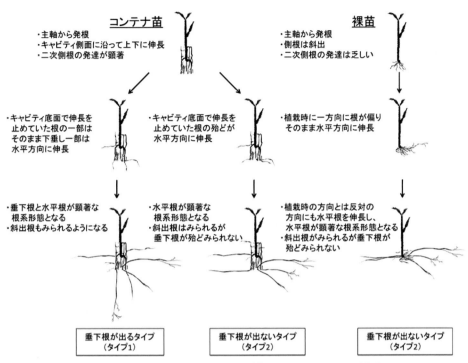

図 3-E11-1　裸苗とコンテナ苗の植栽後の根系形態の模式図

プあることがわかった。1つ目は、予想通り、垂下根を出すタイプである（図 3-E11-1：タイプ1）。このタイプの場合、キャビティ底面で伸長を止めていた根の一部はそのまま伸長を再開し、根を下垂させている。残りの根は水平方向に伸びた。

2つ目は、予想に反して、垂下根を出さないタイプである（図 3-E11-1：タイプ2）。このタイプの場合、キャビティ底面で伸長を止めていた根のほとんどが水平方向に伸長した。

一方、今回掘り取った裸苗では、コンテナ苗の1つ目のタイプのように垂下根を出さず、2つ目のタイプのように水平根が顕著なものばかりであった（図 3-E11-1：タイプ2）。

○**すべての根を伸長させるわけではない**

今回の結果からは、地上部も地下部も、コンテナ苗が裸苗よりも特に優れているという点は見当たらなかった。また、コンテナ苗は植栽時に培地が崩れないように根を張り巡らせて根鉢を形成するが、それらすべての根が植栽後に伸長を再開するわけではなかった。培地内に張り巡らされた根の一部は枯れてなくなっているようであり、一部は伸長せずに肥大成長していた。伸長しなかった根は今後どうなるのか、植栽後の成長に何か影響を及ぼす可能性があるのかなど、今後継続的に調査すべきである。

なお、本試験に用いた苗は、コンテナ苗が普及し始めた初期のものであり、その後、育苗方法についても改良が加えられている。これらの改良苗についても、本試験と同様の現地植栽調査事例を蓄積し、育苗方法の更なる改善にフィードバックしていく必要があろう。

事例12：やっぱり乾燥に強かったコンテナ苗

伊藤 哲・平田令子
宮崎大学農学部

○枯れぬなら、枯らせてみせようコンテナ苗

コンテナ苗は夏季植栽でも活着がよいのが売りである。少なくともコンテナ苗でダメだったという報告事例はあまり多くはない。しかし一方で、裸苗でも夏季植栽で十分活着したという事例はある。このような、枯れるか枯れないかの違いはおそらく植栽時の気象条件や土壌条件等によるのだろう。では、どの程度の乾燥条件で裸苗が枯死し、コンテナ苗が生き延びるのか？　そもそも本当にコンテナ苗は夏場の乾燥に強いのか？　これを確認するには、実験的に土壌水分を制御してみるしかない。そこで、コンテナ苗と裸苗をポットに植栽し、両者が枯れるまで水をやらずに観察することにした（伊藤ら、2019）。

2015年8月初旬にスギの挿し木コンテナ苗及び裸苗（ともに当年生）をワグナーポットに植栽し、屋根付き温室内に置いて3日間十分に灌水した後、3種類の灌水方法（①毎日180ml灌水、②8日おきに180ml灌水、③無灌水）で3か月間生育させ、樹勢を6段階に区分して観察した。ちなみに灌水量の180mlは宮崎市の8月の日平均降水量に相当し、8日間は同じく8月の連続最大無降雨日数の平均に相当する。なお、日中は温室の窓を解放したが40度を超える室温になった日もあり、野外植栽よりも厳しい条件での実験であった。

○コンテナ苗の方が圧倒的に強い

結果はコンテナ苗の圧勝であった。裸苗では毎日灌水しても1か月で約半数が枯死し、8日おき灌水では2か月でほとんどが枯死した（図3-E12-1）。これに対してコンテナ苗は土壌が乾燥してもなかなか樹勢が衰えなかった。毎日灌水すると3か月間すべてが生残し、8日おき灌水でも裸苗に比べて枯死の発生が非常に

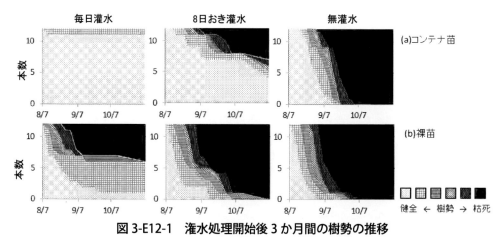

図3-E12-1　灌水処理開始後3か月間の樹勢の推移
毎日灌水した場合、コンテナ苗では樹勢の衰えが見られなかったが、裸苗では半数近くが枯死した。他の処理でもコンテナ苗で枯死数が少なく生存期間が長かった（伊藤ら2019を一部改変）。

遅く3か月後まで2/3が生き残った。無灌水でも、裸苗のほとんどが約1か月で枯死したのに対し、コンテナ苗は2～3週間ほど生存期間が長かった。コンテナ苗が裸苗よりも土壌乾燥に伴う水ストレスに強いのは間違いないようである。ちなみに、実験後に両苗を掘り取って重量を測定したところ、根系の発達したものほど活着がよいという結果であり、同じ根系量の場合、裸苗よりコンテナ苗の方が活着がよいという結果であった。

○コンテナ苗が優位になる条件を考える

今回の実験は温室内という酷暑条件であったため、野外で同様な結果が得られるとは限らない。しかし、少なくとも乾燥が厳しい条件ではコンテナ苗が圧倒的に優位のようである。この結果をもとに、どのような条件だとコンテナ苗が裸苗に対して優位になるのかを検討したい。

コンテナ苗が裸苗よりも優位になる条件は図3-E12-2のように考えることができる。条件を判断する基準は、(1) 生残率の絶対値（補植が必要か否か）と (2) 裸苗との差が大きいかどうかの二つになる。例えば、菜種梅雨のころの植栽のように水分条件がよければ裸苗も十分に活着し、コンテナ苗のメリットはおそらくあまり発揮されない。逆に今回の無灌水処理の2か月目以降のように乾燥が厳しすぎれば、さすがのコンテナ苗も生残しきれずメリットは発揮されない。したがって、少なくとも補植を要しない程度にコンテナ苗の生残率が高く、かつ裸苗との生残率の差が十分に大きい範囲で、コンテナ苗の優位性が発揮されるといえる。

このような条件が何によって決まるのかを今回の実験結果から試算してみたところ、3週間ほど遡った積算の土壌水分量（含水率）が苗の

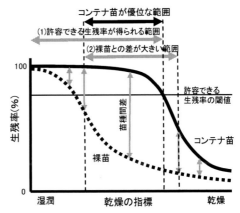

図3-E12-2　コンテナ苗が裸苗よりも有利となる条件の考え方の模式

(1) 少なくとも補植を要しない程度にコンテナ苗の生残率が高く、かつ (2) 裸苗との生残率の差が十分に大きい範囲で、コンテナ苗の優位性が発揮される。

生残枯死を分ける指標となりそうである（新保、未発表）。これはもちろん土壌の性質や大気飽差によっても左右されると思われるが、コンテナ苗導入のメリットが発揮される場所や季節を気象平年値等からある程度は予測できるかもしれない。

また、コンテナ苗の優位性を左右するのは、必ずしも土壌や気象といった自然条件だけではない。例えば、図3-E12-2の横軸は「植栽の熟練度」にも置き換えられるかもしれない。近年の人手不足の状況下では、コンテナ苗ならば非熟練者が植えても活着しやすいというメリットもある。さらに、シカ食害回避や下刈り省略を目的とした大苗導入等においては、裸苗とコンテナ苗の差はもっと大きくなるだろう。このように考えると、コンテナ苗のメリットは様々な条件の下で発揮されそうである。今後はこれらの条件を評価し「適地・適時期・適苗種」を実践するためのデータをさらに蓄積していく必要がある。

事例13：ココナツハスク100%培地は保水性も透水性も良好

伊藤 哲・平田令子
宮崎大学農学部

○発達した根系は水分を消費しすぎないか？

コンテナ苗が裸苗よりも植栽後の水ストレスに強いのは、根系が発達し培地と一体化していることによると考えられている。確かにコンテナ苗の発達した根系は、いったん土壌と分離され根切りされた裸苗よりも植栽直後の水分吸収において有利に機能するだろう。しかし一方で、別の疑問も生じる。コンテナ苗は発達した根系をもつがゆえに、裸苗よりも逆に水分を消費しやすく、結局は培地の水分が枯渇してしまうのではないだろうか。それでもコンテナ苗が水ストレスに強いのであれば、大量の水消費を保障するような保水性能を培地がもっているはずである。

そこで、培地の水分動態を測定した（伊藤、未発表）。

○培地の性能の評価方法

2016年9月頭に、1年生スギ挿し木コンテナ苗の培地にカッターナイフで切れ目を入れてセンサーを挿入し、これを植栽して培地の含水率と水ポテンシャルを連続測定した（図3-E13-1）。実験の方法は二通りで、一つはワグナーポットに植栽し、ポットごと水に浸漬して土壌と培地に水を十分含ませたあと無潅水で乾燥させながら生育させた。もう一つは露地（苗畑）に植栽し、自然降雨条件下で生育させた。この時、同時に培地の外側（根のない部分）の含水率と土壌の水ポテンシャルも測定した。使用したコンテナ培地はココナツハスク100%で

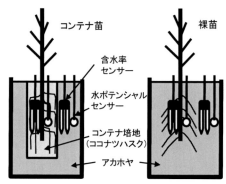

図3-E13-1 コンテナ苗及び裸苗の根圏内外へのセンサー設置の模式

ある。植栽基盤の土壌には保水性・透水性ともに優れた性質を持つ火山灰土壌（アカホヤ）を用いた。比較対象として1年生裸苗も同じアカホヤ土壌に植栽し、根圏内外に同じセンサーを設置した（図3-E13-1）。

○ココナツハスク100%培地の保水性と透水性

ポット無潅水実験で得られた水ポテンシャルと含水率の関係から容易有効生育水分量（植物が利用しやすい水分量）を求めたところ、アカホヤの29.1〜31.8%（体積含水率）に対して、コンテナ培地では52.8%と非常に優れた保水性を示した。ココナツハスクは、アカホヤの1.5倍近い保水性能を持っている。

無潅水で乾燥していく過程の培地とアカホヤの水分動態をみてみると（図3-E13-2a）、実験開始直後からコンテナ苗ポットの含水率は、培地もアカホヤも、裸苗に比べて急速に低下し、とくに4日目以降は培地内で含水率の低下が著

事例 13：ココナツハスク 100% 培地は保水性も透水性も良好

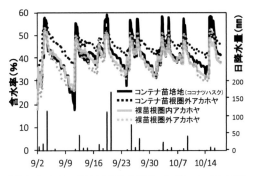

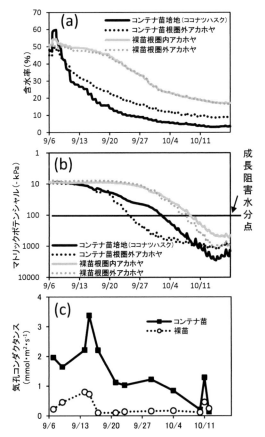

図 3-E13-2　無潅水ポット実験によるコンテナ苗及び裸苗の根圏内外の含水率 (a)、水ポテンシャル (b) 及び葉のコンダクタンス (c) の経時変化

コンテナ培地の含水率は急激に低下したが、水ポテンシャルは 1 カ月後まで生育阻害水分点を下回らず、この間の葉のコンダクタンスはコンテナ苗で裸苗よりも高く維持されていた。

図 3-E13-3　露地植栽実験によるコンテナ苗及び裸苗の根圏内外の含水率の変化

コンテナ培地の含水率は急激に低下したが、降水のたびに根系外アカホヤよりも高い値まで速やかに回復していた。

しかった。やはり、発達した根系を持つコンテナ苗は水消費が激しいようである。それは、気孔の開き具合を表す気孔コンダクタンスの測定結果（図 3-E13-2c）からも明らかであった。コンテナ苗の葉の気孔コンダクタンスは、実験開始後 1 か月間は裸苗よりも高い値で維持されており、気孔を開いて蒸散を続けていたことがわかった。この間、コンテナ培地では含水率が大きく低下しても水ポテンシャル低下は根圏外のアカホヤに比べて緩やかで、成長阻害水分点を下回ることはなかった（図 3-E13-2b）。ココナツハスク培地の保水性能は予想していた以上によいようである。

露地植栽実験の結果からは別の性能もみえてきた。自然降雨条件下では、コンテナ培地の含水率が降雨のたびにアカホヤよりも高い水準に回復していた（図 3-E13-3）。つまり、降水が速やかに培地にインプットされており、これは培地に水が充填していない不飽和に近い状態でも高い浸透能を有していることを示している。

○よい培地の条件：高い保水性と浸透能

ココナツハスク 100% 培地は従前のポット苗や土壌を混ぜた培地に比べて軽く、苗の運搬上大きなメリットを持つ。このメリットに加えて今回の測定事例から、ココナツハスク培地は苗木の水ストレス（水分不足による気孔閉鎖など）を緩和する機能も非常に高いことがわかった。このような培地の水分特性は、夏季植栽だけでなく、水分消費がさらに多くなると予想される中苗や大苗の開発・利用においても大きなアドバンテージになるだろう。

第4章：下刈り回数の削減

　造林・育林コストの大半は下刈りで占められる。これを削減するためにはどうしたらいいのか。この課題を解決する切り札として、本章では、下刈り回数削減による初期保育スケジュールの最適化に関する方法を紹介する。
　4.1 節では、過去に行われてきた下刈り省力化の方法を、下刈り回数削減だけでなく除草剤利用、林地肥培、早生型品種の利用等も含めて概観し、今後の方向性について述べる。4.2 節では、下刈りスケジュールの例やその適用可否を左右する雑草木との競合関係について豊富な事例を用いて解説し、実際の下刈りスケジュールを決定する際の判断基準について述べる。
　4.2 節では、日本各地での実例（事例 14：九州の大苗低密度植栽、事例 15：四国の大苗活用例、事例 16：多雪地のスギの下刈り省略、事例 17：東北のカラマツの下刈り省略、事例 18：被圧解除後のヒノキの成長回復）から、下刈り省力化を左右する要因や注意点を具体的に示す。また、下刈りを遅らせた場合の成長回復の例も紹介する。さらに、現場への普及に向けた基準づくりの例として、その年その年の下刈り要否の判断基準例（事例 19）や、最終的に下刈りを終了する際の判断基準例（事例 20）についても参照できるようにした。

4.1. 下刈り省力に関するこれまでの取り組み

重永英年
森林総合研究所

1．はじめに

　戦後に植栽された針葉樹人工林の多くは主伐期を迎えつつある。しかし、皆伐収入が100万円/ha程度しか期待できないなか、地拵えと植栽、初期保育である下刈りも含む再造林コストは150万円/haにも上る（第5章1節）。このため、主伐の先延ばしや再造林放棄の問題が生じてきた。主伐・再造林を進めるためには再造林コストの圧縮が必要で、植栽から5～6年間は毎年実施され、約50万円/haの経費を要する下刈りの省力化が注目されてきた。

　日本の林業で「省力」という言葉が初めて使われたのは1960年頃で、当時は木材の供給が不足し、拡大造林により林業生産を引き上げていくことが政策として進められていた。一方で、林業労働力の不足と激しい労賃の高騰が林業経営の基盤を脅かすようになり、このことが「省力」の大きな背景にあった。下刈りの省力化については、この時期から拡大造林が下火となって植栽面積の減少が進み始める昭和50年代までの時代を中心に、現場を中心にした様々な取り組みがあった。ここでは、下刈り省力化についてこれまでの取り組みを整理した上で、これからの方向性を考える。

2．下刈り省力化の方法

　下刈り省力化とは、林地に発生する雑草木と植栽木との競争を緩和することを目的とした刈り払い作業について、労力や時間、コストの削減を図ることである。その種類を大別すると、①刈り払い作業の生産性を高め、実行面積あたりの労働量や時間を短縮するもの、②刈り払いの実行面積を削減するもの、③競争緩和の効果を他の方法で代替するもの、④刈り払いの回数を単純に減らすものの4つに区分できる（図4-1-1）。

　①は機械の導入や性能向上があげられ、昭和40年代に鎌に代わって刈払機の普及が進んだ事例が当てはまる（図4-1-2）。近年ではブッ

①刈り払い作業の生産性の向上
機械化・冬下刈り
②刈り払い面積の削減
坪刈り・筋刈り
③刈り払い効果の代替
除草剤・マルチング・林地肥培 植えつけ法・早生型品種・大苗 ポット苗・早生造林・単木保護資材
④刈り払い回数の削減

図4-1-1　下刈り省力化の種類と方法

図 4-1-2　刈り払い機による下刈りの様子
(写真提供：山田 健氏)

シュカッター等の下刈り用林業機械の開発も進められているが、未だ改良・実証段階にある。夏季に比べて雑草木の繁茂が少ない冬季に刈り払いを行うことで、作業効率の向上を期待する「冬下刈り」もこの範疇に入るが、夏季と冬季とで作業効率は変わらないとする報告がある（伊藤・山田、2001；池本ら、2015）。

　②では、林地全面を刈り払う全刈りに対して、植栽木の周囲や植栽列に沿った部分のみを刈り払う坪刈りや筋刈りがある。一般に、刈り払い面積の縮小により作業量は軽減されるが、坪刈りや筋刈りが現場で実施されることは稀である。その理由としては、雑草木による被圧の懸念や、全刈りが慣行的に行われている点が指摘されている（鳥海、2003）。

　③については、昭和 30 年代から 40 年代を中心に、様々な方法が現場で試されてきた。

（１）林地除草剤とマルチング

　林地除草剤に関しては、薬剤の種類別効果や造林木への影響を評価する試験が数多く実施された。しかし、除草剤散布は刈り払いに比べて費用がかかり、造林木に安全で多様な雑草木の除去に有効な薬剤処理法が完成していなかったため、下刈りを除草剤で代行した割合は当時でも数％に止まっていた（真部、1969）。また、薬剤によって効果を発揮する植物種が異なり、植生や地形が一様でない林地で効果をあげるには十分な計画と準備が必要となり、除草剤の普及は難しい側面を持つことが指摘された（浅沼、1986）。広い面積への散布は環境への影響も懸念され、現在の日本で林地除草剤の使用は一般的ではない。

　マルチングは、苗木周辺の地表面を防草シート等の資材で被覆して雑草木の発達を抑制する方法である。林地へのシートの固定が難しいこと、シートに被覆されない地表面から発生した雑草木が造林木を被圧することが問題とされ（諫本・佐々木、1982）、施工に要する経費も刈り払いに比べて 2 〜 3 倍程度割高であった（熊本営林局、1970a）。生分解性防草シートを用いた最近の試験でも同様の問題が指摘されている（原山ら、2014）。資材として木質チップを利用した試験では、20cm 厚の散布でも植生の抑制効果は 3 〜 4 年程度であり（山内ら、2006）、スギの枝条を伐根が隠れるほど厚く散布した試験でも（図 4-1-3）、萌芽力が旺盛な樹種に対しては抑制効果がなかったとの報告が

図 4-1-3　スギの枝条を散布した造林地

ある（重永・山川、2013）。

（2）林地肥培と植えつけ方法の改良

　木材供給量の増大が林業の課題であった昭和30年代に、生産力増強を目的とした林地肥培が人工林の初期保育に組み込まれはじめ、1971年度の肥培面積は全国で9万haを超えていた（吉田、1973）。施肥による初期成長の促進は林分の閉鎖を早め、下刈り期間の短縮につながることから省力化の方法の一つとして注目された。しかし、熊本営林局管内で施肥を実施した81か所の幼齢林では、12か所で標準林木に比べて1.5倍以上の伸長量がみられたが、21か所では成長差はほとんどなかったとの報告（日下部、1958）があり、施肥効果が常に得られるとは限らなかったようだ。一般に、幼齢木への施肥の効果は樹高成長より直径成長に現われやすく、施肥試験での施肥区と対照区との樹高差からは、肥効が大きい場合でも、短縮可能な下刈り年数は1～2年程度と考えられた（熊本営林局、1962；林業試験場土壌調査部、1967；渡邉・茂木、2012）。経費については、施肥により下刈りを3年早く終了できても、トータルの投資額は通常の下刈りよりも高くなる試算例がある（熊本営林局、1970b）。施肥と併せて植えつけ方法の改良も検討されたが、成長促進の効果は目立って大きくはなく、大穴植栽については、降水量が少ない悪条件下では活着率がよい場合があったが、初期成長の増大は期待できないとの報告がある（林・土井、1969）。

（3）早生型品種

　スギの挿し木林業が発達し、様々な品種が区分されている九州地域では、初期成長に優れる品種を植栽して下刈り期間を短縮する試みが、昭和40年頃に取り組まれた。早生型品種のクモトオシでは植栽後3年目で樹高が2.3mに達し、翌年から下刈りを中止したという報告がある（熊本営林局、1969）。立地条件がよい場所では5年で樹高が5mを超えるようなフジスギやイワオスギといった品種（熊瀬川、1968）も知られているが、台風被害を多く受けた経験や材質の面から、これらの品種が植栽されることは近年では稀である。育種面からは、材質も考慮した上で初期成長に優れた品種の開発が進められており（星・倉本、2009）、九州の挿し木スギでは、エリートツリーは在来品種に比べて下刈り期間を2年程度短縮できると試算されている（星ら、2013）。

（4）大苗造林とポット苗造林

　苗高が高い大苗は植栽直後の雑草木との競争で有利となる。苗高が約1mのヒノキ大苗では、無下刈りでも5年目の樹高が3.5mに到達して雑草木を上回り、普通苗に比べて苗木代と植えつけ経費がかかり増しとなるが、下刈りも含めた総経費が19％削減できた（熊本営林局、1981）。苗高が約80cmのスギ大苗を植栽し、4年間無下刈りで5年目の下刈りと8年目の除伐を実施した場合、8年目の樹高と地際直径は5年間毎年下刈りを実施した普通苗と同程度であったことから、人工林跡地や天然林跡地でも萌芽株が少ない密着造林地であれば、4～5年間無下刈りでも成長に大きな支障はないとみられた（熊本営林局、1992）。伐採方法と組み合わせて大苗を利用した例としては、約20m幅の帯状伐採地に苗高が約80cmのスギとヒノキのポット大苗を密植して無下刈りとし、7年目の時点ではスギは広葉樹との競合状

態からほぼ抜け出したという報告がある（井上ら、1996）。最近でも大苗の植栽試験は続けられており、苗高が約70cmのスギ大苗を植栽して無下刈りで4年経過した時点の樹高は、周辺植生より1m程度高く3mを超えたという和歌山県での例（瀧井・萩原、2008）や、苗高が110cm、または施肥を行った苗高80cmのスギ大苗では、その後の除伐が必要となるが、5年目までは下刈りを省略することが可能と指摘した鹿児島県での例（下園ら、2009）がある。一方、高知県で苗高が80cmのスギ大苗を植栽して無下刈りとした場合、皆伐から植栽まで3年間放置した林地であったため雑草木の発達が旺盛で、4年経過時点では雑草木に完全に被圧された個体が7割以上に達し、成林は困難な状況にあったことが報告されている（渡辺ら、2015a）。以上のような事例からは、大苗植栽により植栽後の数年間は下刈りを省略できそうであるが、現場での利用は進んでいない。その理由としては、苗木代や植えつけ経費がかかり増しとなる大苗を植栽して下刈り回数を減らしたとしても、植栽と下刈りで区分された現行の補助制度では、経営者にとって必ずしもメリットとならないこと、一口に大苗といっても、形状やサイズは多様で（図4-1-4）、費用対効果の評価が難しいことが考えられる。

ポット苗造林は、苗畑作業ならびに造林事業の近代化を目的として昭和40年頃に導入され、国有林における1973年度の造林面積は2,700haを超えていた。植栽後に速やかに成長することで下刈り期間の短縮が期待されていたが、裸苗と比較してポット苗の初期成長が優れるという結果は必ずしも得られていない（矢野、1986；鳥取県、2004）。

（5）刈り払い効果代替の特殊な例

草生造林は、植栽木を強く被圧しない草本類を栽培することで下刈り省略を図る方法で、主に1960年代に取り組まれた（清水、1967）。しかし、普通造林に比べて費用がかかり、地拵え後の地表面の掻き起こし、施肥と牧草の蒔き付けといった草地造成のための特殊な技術を必要とすることも併せて、試験段階で終わっている。

近年ではシカによる造林木の食害が大きな問題となっているが、チューブ型やネット状の単木防護資材を設置して、食害防止と併せて下刈りの省略を図る方法が試みられている（図4-1-5）。筒状のネットをヒノキに被せて無下刈りとした場合、防護柵内で下刈りをした場合と同等の成長を示し、植栽密度が1,000本/ha程度の疎植であれば、防護柵と単木防護の資材と設置コストはほぼ同額との報告がある（島田、2010）。

図4-1-4　スギポット大苗の植栽
（苗高150cm程度）

図 4-1-5　シカ被害を防ぐための単木防護資材
写真手前はチューブ型、写真奥はネット型の保護資材

（6）刈り払い回数の削減事例

　下刈りを省くと造林木が雑草木から受ける被圧が大きくなり生育への影響が懸念されるが、状況によっては毎年の下刈りが必ずしも必要でないことを示唆する事例はある。和歌山県のヒノキでは、無下刈り7年目では広葉樹に被圧された個体が谷筋で多く、4年間の下刈りを実施した場合に比べて樹高は2割、地際直径は4割低下していた。しかし、2～3年目までは下刈りの有無による成長差はなく、密着造林でツル類が少なく谷筋を除く条件であれば、4年目に1回下刈りをして成林させる施業の可能性が指摘された（大阪営林局、1989）。植栽後に下刈りや除伐等の施業が放棄された大分県の17～18年生のヒノキ林では、斜面位置によって成林状況が異なり、谷部では広葉樹が林冠を形成してヒノキの本数が著しく減少していたが、尾根部では 2,100 本/ha の本数密度でヒノキが林冠を構成していた（山田、2006）。長野県のヒノキでは、無下刈りでも植栽木の生残には大きな影響はなく（長谷川・川崎、2003）、11年目のヒノキは広葉樹とほぼ同じ階層で混交しており（長谷川・川崎、2004）、10年かそれ以前の段階で除伐を実施すれば無下刈りでもヒノキが優占した林分として成林できる可能性が指摘された（長谷川ら、2005）。愛知県でヒノキを植栽して無下刈りとした場合、2年経過した時点ではアカメガシワやカラスザンショウに被圧を受けていたが、その後雑木とともに成長を続け、11年生時点で平均樹高が7m程度に達した（白井ら、2003；中西、2012）。宮崎県で5年間無下刈りとしたヒノキでは、毎年下刈りを実施した場合に比べて樹冠の発達が大きく抑制されていたが、下刈り後には比較的早く成長が回復した（事例18；平田ら、2012）。熊本県のスギでは、無下刈りで5年経過した時点の樹高は下刈り区と差はなかったが、地際直径は4年目から差が生じ始め、造林木の成長を損なわない下刈り省略期間は3成長期までであるとされた（熊本営林局、1983）。宮崎県で無下刈りとしたスギでは、樹高は3生育期目から、地際直径は2生育期目から成長抑制が生じたという報告（平岡ら、2013）がある。鹿児島県のスギでは、3年間無下刈りとすると曲がりが多く発生し（金城ら、2011a）、隔年実施では毎年実施に比べて5年経過後の樹高が2割前後低下し（金城ら、2012a）、下刈りを3年で終了した場合には6年間の毎年実施に比べて8年目の樹高が約13％低下したこと（福本ら、2015a）が報告された。また、高知県の3か所での試験では、スギを植栽して下刈りを2年目と4年目の隔年に変更すると、4年経過時の樹高は毎年実施に比べて2割程度低くなる場合があったが、いずれの場所でもスギは順調に生育しており、コストを抑えて成林できる可能性が高いことが指摘された（事例15；渡辺ら、2015a、2015b、2015c）。

3．これからの下刈り省力化

　以上のように、一世代前の下刈り省力化の取り組みでは、刈り払い効果の代替（図 4-1-1 の③）を期待した技術開発が主に進められた。この背景には、形質がよい植栽木を早く成長させることが前提条件としてあり、広大な新植地を不足した労働力で保育しなければならない現実があった。しかし、刈り払いと同等の効果が得られ、労力とコストの削減が可能な汎用的な方法は見当たらず、植栽後 5 〜 6 年間の毎年の下刈りが現在でも行われている。1964 年当時の下刈り経費に関わる資料（熊本営林局、1964）を参考に、当時の賃金を 610 円 / 人日、下刈りに要する人工数を 12 人日 /ha とした場合、1 ha の林地で植栽後 6 年間の毎年下刈りに必要な賃金は約 4.4 万円となる。この金額を当時のスギの立木価格である 9.6 千円 /m^3 で割ることで得られる材積は 4.6m^3 となり、6 年間の毎年下刈りの賃金は、胸高直径が 26cm、樹高が 20m のスギであれば、わずか 9 本程度の立木代で賄えたことになる。一方、最近の状況として、人工数を 4 人日 /ha（金城ら、2011b）、賃金を 1.2 万円 / 人日、立木価格を 3,000 円 /m^3 とすれば、6 年間の毎年の下刈りの賃金に相当する立木材積は 96m^3、立木本数は 200 本近くにもなり、下刈りコストは昔とは比べものにならないほど高くなっている。コスト面だけでなく、人工林資源の充実、林業労働力の先細りと高齢化、木材用途の多様化といった一世代前とは異なった状況となった今、かつての時代背景をもとに回数や方法が標準化された下刈りを再考してみる必要がある。

　これからの下刈り省力化の取り組みとしては、従来の毎年の下刈りを前提として、その効果を代替できるような方法（図 4-1-1 の③）を個別技術として検討するのではなく、育林目標や経営目標、労働力等の個々の現場の状況に応じて、下刈りの目的である植栽木と雑草木との競争緩和がどの程度必要であるかを評価し、その上でコストや労力が少なくてすむ方法を選択できるようなシステムの構築が重要であろう。また、人工林を成林させるにあたり、多少の成長の低下を許容すれば、植栽後 5 〜 6 年間の毎年の下刈りは必ずしも必要としない場合があることがいくつかの事例から示されている。潔癖さは日本人の美徳とされ、「下刈りをしないでいると、あの山持ちはサボっているとみられた」という笑い話を聞いたことがある。これからは手を抜ける場所では積極的に手を抜くという考え方も必要で、どこであればどの程度手を抜けるかを明らかにしていくことが、下刈り省力化の大きな課題であると考える。

4.2. 下刈り回数の削減と判断基準

山川博美
森林総合研究所

1. はじめに

植栽や下刈りといった育林に要する作業は、50年生までの総経費のうち約7割を占めるにもかかわらず、主伐等の作業に比べて低コスト化が大きく遅れている。特に、下刈りについては、人工林施業のなかで投下労働時間が長く最も費用のかかる作業であるが、省力化がほとんど進んでいない。また、下刈りは夏場の暑い時期に行われ、作業者の身体的負担も大きい。1960年代には刈り払い機の導入が始まり、下刈り作業の労働負担を減少させたが、夏場の暑い時期に刈り払い機を担いで行うため重労働であることは今も同じである。さらに、費用や身体的負担に加え、今後、下刈りを実行する労働力の不足が大きな問題になると予想される。林業従事者の数は、近年、減少のペースが緩み、下げ止まりの兆しがみられるものの、増加に転ずるには至っていない。主伐・再造林が進めば、造林面積の増加に伴い、下刈りの面積は造林面積以上に増加することになる。今後、人工林施業を続けていくためには、下刈りの省力化が大きな課題である。

2. 下刈り回数を削減するには

一般に、下刈りは植栽から6年程度の間、年1〜2回の頻度で行われる。つまり、この下刈りの回数や面積の削減、作業の効率化ができれば下刈りの省力化につながる。下刈りの省力化に関しては、昔から多くの研究が行われている。第4章1節では下刈り省力化の種類と方法について整理され（図4-1-1を参照）、費用や効果を勘案した現実的な下刈り省力化の方法として「下刈り回数の削減」があげられている。そこで、下刈り回数の削減に着目し、下刈りの省力化について考えてみたい。

下刈り回数を削減したときのスケジュールと

表 4-2-1　下刈り回数を削減したスケジュールの例

	林齢									
	1	2	3	4	5	6	7	8	9	10~15
毎年下刈型	○	○	○	○	○	○				除伐
隔年下刈型①	○		○		○					除伐
隔年下刈型②		○		○		○				除伐
連年下刈前期型	○	○	○							除伐
連年下刈後期型				○	○	○				除伐

4.2. 下刈り回数の削減と判断基準

して、表4-2-1のようなパターンが考えられる。例えば、毎年1回の頻度で6年間下刈りを行うこと（毎年下刈り型）を基準とすると、下刈り回数を半分にするためには、最初の3年間を連続して下刈りを行うパターン（連年下刈り前期型）や後半の3年間を連続して下刈りを行うパターン（連年下刈り後期型）、1年おきに隔年で下刈りを行うパターン（隔年下刈り型）などが想定される。しかしながら、植栽する樹種や雑草木の種類、さらには地位によって、どのパターンを選択するかを適切に判断しなければならない。そのためには、下刈りを省略した際の植栽木や雑草木の成長、及び植栽木と雑草木の競合関係など、植栽木と雑草木の成長に関わる生態的なメカニズムを明らかにする必要がある。

具体的に明らかにしなければならない項目は、図4-2-1に示す4項目である。まず、植栽木の競争相手となる雑草木の基本的な情報として、主伐後に発生する雑草木の種類や発生量及び成長量を把握すること（①雑草木の発生と成長）と、刈り払われた後の雑草木の再生及び成長量を把握することが必要である（②雑草木の刈り払い後の再生）。また、下刈りを省略し

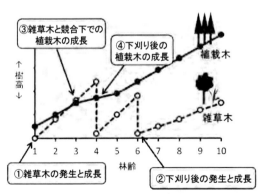

図4-2-1 下刈りを省略した際の植栽木及び雑草木の樹高変化の模式図
（山川ら、2016aを一部改変）

た場合には植栽木が雑草木に埋もれる確率が高くなることから、雑草木に埋もれた時の植栽木の成長低下（③雑草木と競合下での植栽木の成長）を把握する必要があり、さらに、雑草木に埋もれた後に下刈りを実施した場合の植栽木の成長（④下刈り後の植栽木の成長）も予測しなければならない。

3．雑草木の種類と成長

（1）雑草木の発生と成長

森林の伐採後には、土壌中に埋もれている種子（埋土種子）や伐採前から林内に生育していた樹木（前生樹）、伐採後に新たに散布される種子（新規散布種子）によって、様々な植物が発生する。日本は南北に細長く、北は亜寒帯から南は亜熱帯まで幅広い気候帯となっており、造林地に発生する雑草木の種類は地域によって様々である。

九州や四国の暖温帯の再造林地に発生する雑草木の種類をみると、アカメガシワやカラスザンショウなどの埋土種子に由来する高木性の先駆性樹種が優占する場所、キイチゴ類などの低木性の先駆性樹種が優占する場所、ワラビなどのシダ植物が優占する場所、ススキが優占する場所、ススキに落葉広葉樹が混じる場所、落葉広葉樹にキイチゴ類やシダ植物などが混じる林地がみられる（図4-2-2；北原ら、2013；鶴崎ら、2016）。一方、再造林地においては暖温帯を代表する樹木であるカシ類やクスノキ科の常緑広葉樹が優占する林分は意外にも少ない。人工林を伐採して再び造林を行う再造林では、常緑広葉樹林を伐採して造林を行った拡大造林とは異なり、前生樹由来の萌芽で再生する個体が少ない（Yamagawa et al., 2015）ためであろう（図4-2-3）。冷温帯では、雑灌木の他にスズタケや

第4章:下刈り回数の削減

図4-2-2　若齢造林地の雑草木タイプの例
a) アカメガシワが優占する林地(熊本県菊池市)、b) キイチゴ類が優占する林地(高知県奈半利町)
c) ワラビが優占する林地(秋田県由利本荘市)、d) ススキが優占する林地(宮崎県小林市)

図4-2-3　ヒノキ人工林伐採跡(写真左側)及び常緑広葉樹林伐採跡(写真右側)

チシマザサなどササ類が優占する林地が多くみられる。北海道では、オオイタドリなどの高茎草本が繁茂する場所もある。

また、伐採後すぐに植栽する場合、1年目は埋土種子から発生する個体と前生樹の切り株から萌芽で発生する個体が主である。伐採1年目

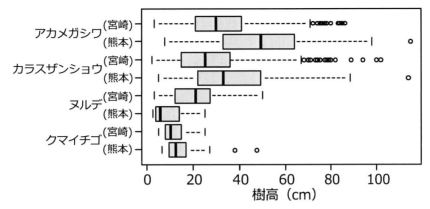

図 4-2-4　皆伐 1 年目に発生した個体の生育期終了後の樹高
宮崎市及び熊本市の針葉樹人工林伐採跡地のデータから作図

に埋土種子から発生する樹木個体の 1 年間の成長をみると（図 4-2-4）、アカメガシワ及びカラスザンショウでは最大 100cm 程度、ヌルデやクマイチゴでは最大で 40cm 程度あった。後述する刈り払い後の成長量と比較すると、皆伐後 1 年目の成長量は小さそうである。

（2）雑草木の刈り払い後の再生

　林地に発生する雑草木の成長量も様々である。例えば、暖温帯でよくみられるススキは下刈り後の 1 年間で 150 ～ 200cm 程度成長するが、アカメガシワやヌルデなどの先駆性高木種の成長量は下刈り後の 1 年間で 100 ～ 150cm 程度である（鶴崎ら、2016）。また、下刈り後の 1 年間でクマイチゴは 180cm を超えた例もある（重永ら、2016）。野宮ら（2016）は九州各地の造林地で調査を行い、2 年間下刈りを行わなかった際には、ススキが優占する林地で最大植生高が 130 ～ 170cm 程度、それ以外の草本や低木性木本種が優占する林地で 80 ～ 100cm と報告している。

　このように造林地に発生する雑草木の種類や成長量は様々であるため、これらを考慮して下刈り回数の削減を考えなければならない。

4．下刈りの省略と植栽木の成長

（1）雑草木と競合下での植栽木の成長

　皆伐地に発生する雑草木は植栽木と比べると圧倒的に成長が早く、下刈りを行わなければ、植栽木は雑草木に埋もれてしまう（図 4-2-5）。その結果、植栽木の成長は周辺の雑草木からの被圧によって阻害される。では、植栽木の成長はどの程度、雑草木からの被圧を受けたときに低下するのだろうか（図 4-2-1 の③）？

　スギ植栽木の樹高成長は、スギ樹冠の 2 ～ 3 割が雑草木から上に出ていれば順調に成長し、雑草木から梢端さえ出ていれば成長の低下は小さい（谷本、1983；平岡ら、2013）。同様に、ヒノキにおいても植栽木の梢端部が覆われるまでは、樹高成長は著しく低下しないことが報告されている（平田ら、2012）。筆者らは、この植栽木と雑草木の樹高の相対的位置関係を「競合状態」として 4 段階で表している（図 4-2-6；山川ら、2016b）。この競合状態の指標を用いてアカメガシワなどの落葉性広葉樹が優占する 4 年生スギ人工林で行った調査によると、植

図 4-2-5　7年間無下刈りのスギ人工林
a) 遠景と b) 林内にかろうじて生残するスギ植栽木（70cm 程度）

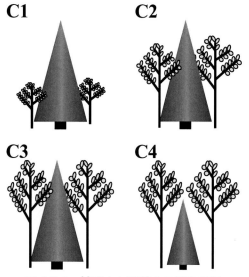

図 4-2-6　植栽木と雑草木の競合状態

C1: 植栽木の樹冠が周辺の雑草木から半分以上露出している
C2: 植栽木の梢端が周辺の雑草木から露出している
C3: 植栽木と雑草木の梢端が同じ位置にある
C4: 植栽木が雑草木に完全に覆われている
（山川ら、2016b を一部改変）

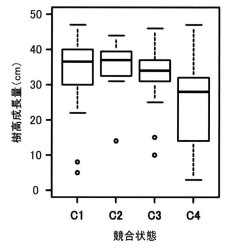

図 4-2-7　各競合状態における樹高成長量

（山川ら、2016b を一部改変）

栽木の樹高成長は植栽木の梢端部が露出している競合状態 C1～C3 では明瞭な違いはなく、スギ植栽木が雑草木に完全に覆われた場合（C4）で大きく低下していた（図 4-2-7）。また、四国の 1 年生スギ人工林においても、C4 で樹高成長が有意に小さくなることが報告されている（北原ら、2013）。つまり、スギやヒノキでは、植栽木の周囲に雑草木が繁茂していても、年間を通して植栽木の梢端が露出していれば樹高成長は大きくは低下しない。

一方で、カラマツの場合には事情が異なる。

カラマツはスギやヒノキと比べて陽性の樹木であり、雑草木からの被圧の影響を受けやすい。北海道の事例では、樹冠の50%以上が被圧されると成長量が低下しはじめ、樹冠の75%を被圧されると生存率も低下していた（原山ら、2018）。つまり、カラマツ造林地では雑草木からの被圧を樹冠の75%より低く保つ必要がある（原山ら、2018）。

また、雑草木による被圧の影響は樹高成長より直径成長に顕著に表れ（石井ら、1974；谷本、1982；丹下ら、1993；平岡ら、2013）、植栽木の梢端部が露出していても周辺に雑草木が繁茂していれば、直径や樹冠幅の成長は低下する（丹下ら、1993；平田ら、2012；福本ら、2015a）。さらに、植栽木の成長は競争する雑草木の種類によっても異なり（谷本、1983）、落葉樹より常緑樹による被圧の影響が大きい（平田ら、2012）。

（2）下刈り後の植栽木の成長

雑草木に埋もれた後に下刈りを実施した場合（図4-2-1の④）の植栽木の成長については、まだ整理された情報は少ない。5年間無下刈りで6年目に除伐を入れたスギ人工林の例では、樹高成長は除伐2年後に、直径成長では翌年から成長が回復していた（平岡ら、2013）。また、5年間無下刈りで6年目に下刈りを実施したヒノキ人工林では、通常下刈り区と比べて樹幹は細く、樹冠幅は狭く、葉量も少ない状態であった。しかし、樹高成長は下刈りの前も後も通常下刈り区とほとんど変わらず、直径成長は下刈りをした当年のうちに回復の傾向がみられた（事例18；Hirata et al., 2014）。このように、下刈り後は比較的速やかに成長が回復するように思われるが、無下刈りの期間や被圧の程度によって、樹冠量やその後の成長への影響度合いが変わると考えられ、今後、さらに情報の集積が必要である。

5．下刈りのスケジュールと判断基準

下刈り省略のスケジュールと要否の判断は複数の段階で行われる。まず、（1）植栽前（伐採前）に下刈りスケジュールを検討する段階がある。植栽後は、（2）その年その年の下刈り要否を判断し、最後に、（3）下刈りを終了するときの判断が必要になる。つまり、この3段階でそれぞれの判断基準が必要である。そこで、これまで紹介してきた研究成果をもとに、それぞれの段階での判断基準を考えてみる。

図4-2-8　クズに巻きつかれ曲がったスギ植栽木

（1）下刈りスケジュールの事前検討（伐採前）における判断基準

前項までで述べた植栽木と雑草木の競合関係から、再造林地ではこれまでのような潔癖な下刈りは必要なさそうなことがみえてきた。つまり、ツル植物などの繁茂（図4-2-8；荒川、1936；豊岡ら、1977；鈴木、1984、1989；山川・重永、2014）がなければ、従来行われてきた植栽後5〜6年間の下刈りを減らすことは可能であろう。

実際に下刈りを省略した事例をみてみよう。スギ造林地の例として、鹿児島大学高隈演習林では、毎年下刈り、隔年下刈り及び無下刈りなど下刈りの実施回数及びタイミングを変えた試験が行われている。その結果、下刈りの回数が少なくなるにつれて植栽木の樹高及び胸高直径は小さくなったが、同じ下刈りの回数であっても植栽後1年及び2年目に実施することで、下刈り省略による成長の低下が小さいことが明らかになっている（金城ら、2012b）。また、同試験地において植栽後3年間のみ下刈りを実施した区域では、毎年下刈り区（6年間実施）と比較して、9年生時の樹高で約13％、直径で約15％小さかったが、植栽木が周辺の雑草木に再び覆われることはなく、植栽後3年間の下刈りでも成林には問題ないと報告されている（福本ら、2015a）。高知県の事例では、無下刈りだと植栽木の多くが雑草木に覆われてしまうが、隔年で下刈りを実施することによって、植栽木が雑草木に覆われる確率は低くなり、成林の可能性が高い（事例15）。また、様々な下刈りスケジュールを設定した植栽木と雑草木の成長シミュレーションからも、隔年下刈りの有効性が示されている（重永ら、2013）。東北地方の秋田県のスギ造林地では、2、3、5年目に下刈りを行うことで、植栽木の成長は毎年下刈りと遜色なく、誤伐や雪害のリスクも小さくなった（事例16）。

このように、スギやヒノキでは、初期2年間は下刈り行った方がいいケースや隔年下刈りで成林可能なケースなどスケジュールは様々であるが、一般的な下刈りを行う植栽後6年間のうち、多少の成長低下を許容すれば、下刈りの回数を半分程度に減らすことができそうである。つまり、周辺林分や林縁でのツル植物や林内の前生稚樹量を観察し、ツル植物や常緑広葉樹の繁茂が予想されなければ、表4-2-1で示した下刈りスケジュールのうち、隔年下刈り型や連年下刈り前期型が選択できるだろう。

東北や北海道で主要な造林樹種であるカラマツは、スギと比較して初期成長が良好で、植栽後初期の2〜3年間で下刈りを終了できそうで

図4-2-9　植栽後2生育期が経過したスギ中苗
特定母樹を植栽。試験地内の平均的な樹高の個体。
（写真提供：伊藤哲氏）

ある（事例17）。また、隔年下刈りでは、植栽初期に雑草木に覆われ、毎年下刈りに比べて樹高成長が低下し、無下刈りと変わらなかったという事例もある（野口、2017）。さらに、カラマツでは幼齢時に周辺の雑草木に被われる過湿な条件に置かれると「くもの巣苗」が発生しやすいことから（作山、1974）、植栽後1〜2年目の下刈りは必須といえる。つまり、カラマツの場合には、表4-2-1で示した下刈りスケジュールのうち、連年下刈り前期型が第一に選択肢としてあがるだろう。

近年では苗木サイズ（初期値）の大きい大苗（事例15）及び中苗（コラム6）の利用や、初期成長のよい特定母樹の利用（コラム4）も始まっている（図4-2-9）。これらの苗木を活用すれば、初期樹高の高さや、初期成長のよさから、さらに下刈り回数を削減できる可能性があるが、まだ導入が始まったばかりの段階であり今後の研究成果が待たれる。また、造林コストを削減するため、低密度植栽にも注目が集まっている（コラム5；事例21）。植栽密度の低減は、雑草木の発達と密に関係しており、下刈りスケジュールも植栽密度に応じて検討しなければならない。単に植栽密度を低下させると、雑草木の成長を助長し、植栽木との競争を激化させることで植栽木の大幅な成長低下（事例14）や下刈り作業の掛かり増しを引き起こす懸念がある。

（2）その年その年の下刈り要否の判断

伐採前に下刈りスケジュールを検討したとしても、林地によって、植栽木や雑草木の成長は異なり、前述したように雑草木の種類や侵入のポテンシャルが異なるため、すべての林地で一律に下刈り回数を減らせるわけではない。つまり、下刈りスケジュールを検討するにあたり、連年で下刈りを実施し回数を省いたほうがよいのか、または隔年で下刈りを実施した方がいいのかについては、林地の植栽木や雑草木の状況によって変わってくる。そのため、実際の現場では、植栽木の樹高、雑草木の種類や状態、植栽木と雑草木の競合状態を丁寧に観察して、その年その年の下刈りの要否を判断する必要がある。

具体的な判断の方法としては、次のようなことが考えられる。スギ及びヒノキ植栽木の樹高は、梢端部が雑草木に覆われていなければ大きな成長低下はみられない。また、植栽木が雑草木に覆われてしまった場合には、成長の低下だけでなく、下刈り時に誤伐を受けるリスク（事例16；右近・竹内、2011；野宮、2012）が高まる。さらに、雑草木に覆われた植栽木でも下刈りを実施し植栽木を刈り出してやると植栽木は成長を始めるが（平田ら、2012；平岡ら、2013）、極端に葉量が低下していると刈り払い後の成長が遅れる可能性がある。したがって、下刈りの必要性を判断するうえでの最もわかりやすい条件としては、植栽木の梢端部が雑草木に覆われない状態を維持することであろう。アカメガシワやカラスザンショウなどの高木性の落葉樹が優占する林地では、植栽木の樹高が150〜170cmを超えると、下刈り後の1年間で再び雑草木に梢端部が覆われる確率が小さくなることがわかってきた（事例19；鶴崎ら、2016）。つまり、スギやヒノキの造林においては、植栽木と雑草木の競合状態を観察し、植栽木が完全に覆われている場合（競合状態がC4；図4-2-6）、及び当年中に植栽木が覆われると予想される場合、その年の下刈りは必要といえる。逆に言えば、植栽木が周辺の雑草木に

図 4-2-10　下刈り直前（左）と下刈り直後（右）の若齢造林地の様子
3年時の下刈りが省略された4年生スギ人工林で下刈り直前にはスギ植栽木が雑草木に覆われており、下刈りが必要と判断できる。

完全に覆われそうでなければ、その年の下刈りを省くことができるだろう（図4-2-10）。

（3）下刈りを終了するときの判断

毎年の下刈り要否の判断に加えて、最終的には下刈り終了の判断が必要となる。具体的には、下刈りを終了しても雑草木が植栽木に再び追いつかないことが判断の目安となる。スギ造林地において、植栽木の樹高が220cmを超えると、植栽木による被圧の効果も加わって、雑草木の成長量が小さくなることが報告されている（事例20；鶴崎ら、2016）。つまり、植栽木の樹高が150〜170cmになるまでは成長の低下を抑えるために下刈りを実施した方がよく、この樹高を超えた後は、植栽木と雑草木の競合状態を観察しながら、その年の下刈り要否の判断をすることになる。さらに、植栽木の樹高が220cm程度を超えた段階で初めて、下刈り終了の判断ができる可能性がでてくる。

なお、これらの数字は限られた林分での調査から得られたものである。林地に優占する雑草木の種類によって植栽木が覆われる確率や程度が異なることがわかっており（北原ら、2013）、これらの判断基準となる数字を一般化するためには、植栽樹種、地域や地形（地位）、優占する雑草木の種類ごとの検討が必要である。さらに、植栽木や雑草木の成長や優占する雑草木の種類は同じ林分内においてもばらつきがあり（福本ら、2015b；飯田ら、2017）、下刈りの作業単位である林分（小班など）として、どのように下刈りの要否を判断するかについても課題である。

最後に、下刈り回数を削減するためには、伐採前の林分状況、周辺の植生、植栽に用いる苗種（苗木サイズ、品種）及び植栽密度などから下刈りスケジュールを想定するだけでなく、植栽後は現場に出向き植栽木と雑草木の状態を丁寧に観察することで、実際の下刈りの要否を判断する必要がある。つまり、現場で判断された下刈りの要否によって、当初想定した下刈りスケジュールを修正することも重要である。さらに今後は、現場での試行結果の情報を蓄積し共有していくことが、同様の立地環境や雑草木タイプの現場に対して想定できる下刈りのスケジュールや、実際の現地での要否判断基準の精度を上げることにつながるだろう。

コラム4：エリートツリーへの期待

平岡裕一郎[1]・藤澤義武[2]
[1] 森林総合研究所林木育種センター
[2] 鹿児島大学農学部

○「品種を選ぶ」という選択肢

下刈り回数を減らすと植栽木の成長が低下するリスクがある。一方、スギなどには多数の品種があり、品種により様々な成長特性を示すことが知られている。適切な品種を選択して植栽することによって、下刈り回数を減らした場合でも成長低下を回避することはできないだろうか。

○どんな品種を選べばよいか？

これまでにスギ20品種を植栽して、通常の下刈り区、完全に無下刈りの処理区、及び5年経過後に下刈り（除伐）を実施する処理区を設けて成長試験を行ってきた（平岡ら、2013）。その結果、下刈り区では品種間で成長に大きな差がみられ、5年次の樹高には、最大で約2倍の開きがあった。新たな知見としては、除伐後の成長回復の早さに品種間差があり、下刈り区の初期成長速度と正の相関があったことや、雑草木による被圧に対する成長の反応に品種間差があるものの、成長速度における差と比べると大きくなかったこと、などがあげられる。この試験から、「下刈りを省略した場合でも、雑草木との競争から早期に抜け出すことができること」や、「たとえ多少被圧されても下刈りによって速やかに成長回復できること」を備えた、初期成長に優れる品種を選抜できそうなことがわかった。

○「特定母樹」を活用する

前述のような品種の候補として、最近普及され始めた「エリートツリー」に期待が持たれる。エリートツリーとは、成長や幹の通直性等に優れた「精英樹」の子供の中から選抜された「第2世代精英樹」である。エリートツリーは初期成長に優れるため、下刈り回数の削減効果が期待されており、通常5回程度必要であった下刈りが3回まで削減できると試算されている（星・倉本、2012；星ら、2013）。現在、エリートツリーは主に「特定母樹」として普及されている。特定母樹とは、「森林の間伐等の実施の促進に関する特別措置法」の改正により創設されたものであり、特に優良な苗木を生産するための種子や穂の採取に適し、成長の特に優れたものとして指定される樹木である。現在、各地で特定母樹からなる採種穂園の造成が始まっており、これらが今後の育林コストの削減に大きな役割を担うことが期待される。

図4-C4-1 特定母樹「スギ林育2-15」

事例14：大苗を植えて下刈りを省略する

内村慶彦[1]・下園寿秋[2]
[1] 鹿児島県森林技術総合センター
[2] 鹿児島県大隅地域振興局

○下刈り省略と大苗の成長

下刈りとは、目的樹種が小さい段階で、その成長及び生存を阻害する雑草木を除去する作業である。大苗を植栽することで雑草木との競争が有利になり、下刈りを省略しても、被圧による成長低下や枯死を防げるかもしれない。しかし、スギ大苗の植栽地において下刈りを省略した事例では、下刈りを実施した場合と同様の高い生存率が得られるものの、成長低下がみられることが指摘されている（下園ら、2009；田代、2013）。

大苗を植栽する場合、苗木単価や植栽労力が増嵩する分、植栽コストは上昇する。その対策として、植栽密度を下げることにより植栽コストを抑える方法が考えられる。しかしながら、それは同時に雑草木の侵入や生育を容易にし、下刈り省略による植栽木の成長低下を助長させてしまうのではないだろうか？ ここでは、鹿児島県でのスギ大苗植栽試験地でのデータを整理し、この問いについて検証する。

検証対象としたのは、成長がよいとされる当県のスギ精英樹（県指宿1号）の2年生挿し木苗（苗高約110cm）を3,000本/ha（通常植栽区）及び1,500本/ha（低密度植栽区）で植栽した林分である。各植栽密度に下刈り区と無下刈り区を設置し、下刈り区では植栽当年と2、3年目に各1回、合計3回の下刈りを実施した。

図4-E14-1は樹高及び根元径の推移を下刈り区と無下刈り区で比較したものである。樹高については、植栽4年目から両区の差が大きくな

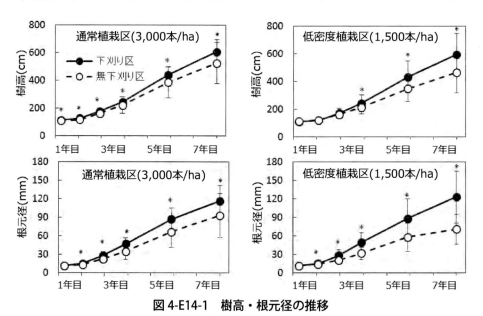

図4-E14-1 樹高・根元径の推移
誤差バーは標準偏差。＊は処理区間で有意差があることを示す（$p<0.05$）。
（上床、2006；下園ら、2009を改変）

る傾向がみられ、植栽7年目での平均樹高の差は通常植栽区で81cmであったのに対し、低密度植栽区では130cmであった。根元径については、植栽3年目から両区の差が大きくなる傾向がみられ、植栽7年目での平均根元径の差は通常植栽区で23mmであったのに対し、低密度植栽区では52mmであった。

以上の結果から、低密度植栽の場合、下刈り省略による成長低下が通常植栽と比較してより顕著になることが示唆された。

○雑草木との競合状況と植栽密度の関係

図4-E14-2は、植栽8年目におけるスギ植栽木と雑草木の胸高断面積合計（TBA）(cm^2/ha)を示したものである。雑草木としては、アカメガシワやカラスザンショウなどの先駆性高木種及びヌルデやヤマグワなどが優占していた。低密度植栽区では通常植栽区と比較して、下刈り省略による雑草木のTBAの増加が著しく、スギ植栽木のTBAを上回っていた。つまり、無下刈り区における雑草木との競合状況は、植栽密度を下げることで激化していたといえる（図4-E14-3）。

図4-E14-3　低密度植栽・無下刈り区における植栽から8年目の状況

アカメガシワやカラスザンショウなどの繁茂が著しく、雑草木との競合状況は激化していた。

○低密度植栽地における下刈り省略の注意点

低密度植栽は植栽時のコスト削減の観点からは、有力な選択肢である。しかしながら、下刈り省略と低密度植栽の組み合わせは雑草木の生育を助長し、植栽木との競争を激化させることで大幅な成長低下を引き起こす懸念がある。その場合、植栽時のコストは削減できてもその後の除伐コストは増大し、大幅に低下した成長も回復できずに伐期が延びることも考えられる（事例18）。低密度植栽と下刈りの省略を組み合わせる場合、植栽コストの削減がその後の施業コストの増大につながるおそれがあることを認識しておく必要がある。

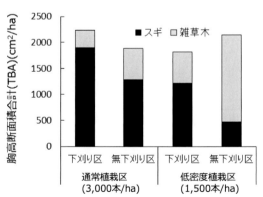

図4-E14-2　各処理区のスギ植栽木と競合雑草木の胸高断面積合計（TBA）

雑草木は高さ1.2m以上の広葉樹及びタケ類を対象とした。（下園、2010を改変）

事例15：大苗と隔年下刈りでコストを削減

渡辺直史[1]・北原文章[2]
[1] 高知県立森林技術センター
[2] 森林総合研究所四国支所

下刈りの省略によって植栽木の成長がどの程度低下し、コストがどの程度削減できるのかを明らかにするために、下刈り頻度を変えた試験を行った。2010年3月に実生のスギ普通苗と大苗（樹高80cm程度）を植栽し、毎年下刈り、隔年下刈り、無下刈りの3処理区を設定した。下刈りは、それぞれ梅雨明け後の7月下旬から8月中旬にかけて行ったが、植栽当年は雑草木の繁茂が少なかったため実施しなかった。試験地には、スギの競争相手としてアカメガシワが優占しており、それ以外の種はごくわずかであった。植栽木の調査は、1～5年生時と7年生時に行い、成長が停止した1月前後に全植栽木（689本）の樹高、胸高直径、競合状態（C1～C4；第4章2節を参照）を測定した。なお、胸高直径は3年生時から測定を行った。

○下刈り省略による成長低下

平均樹高の推移（図4-E15-1a）をみると、普通苗では毎年区が最もよい成長を示した。次いで隔年区、無下刈り区となり下刈り省略の度合いに応じて成長量が低下することが確認できた。大苗では、7年生時で処理区間差はみられず、初期樹高を高くすることで雑草木との競争が緩和されることが明らかとなった。

7年生時の平均胸高直径（図4-E15-1b）は、普通苗では樹高と同様に毎年区＞隔年区＞無下刈り区となったが、隔年区と無下刈り区の間の差は平均樹高の差よりも大きかった。一方、大苗では毎年区≒隔年区＞無下刈り区となり、無

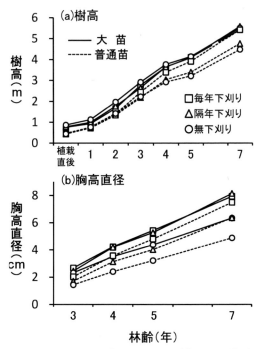

図4-E15-1　各試験区における植栽木の樹高(a)及び胸高直径(b)の推移

下刈り区のみで直径成長の低下が認められた。

各処理区の7年生時の形状比を比較したところ、両苗種ともに毎年区と隔年区がほぼ同じで、無下刈り区で高い形状比が観察された（表4-E15-1）。このように、下刈りの省略は樹高成長よりも直径成長に大きく影響しており、無下刈り区では大苗の直径成長にも影響していた。

表4-E15-1　各試験区における7年生時の形状比

	毎年下刈り	隔年下刈り	無下刈り
普通苗	74.3	77.5	94.9
大苗	72.6	70.2	88.5

各成長終了時における植栽木の競合状態（C1〜C4）の割合を図4-E15-2に示す。このうち植栽木が上方から被圧されるC4の状態は、植栽木の成長量を有意に低下させるが（平岡ら、2013；北原ら、2013）、本試験地の場合、毎年区ではC4の個体はほとんどみられず、隔年区でも初回の下刈りによってC4の個体はほとんどなくなっていた。無下刈り区においても、時間が経過することで被圧されていた植栽木の梢端が雑草木高を上回り、C4の割合が減少した。このことから、今後は無下刈り区においても、少なくとも上方被圧を原因とする樹高成長の大きな低下はないと推測できる。

別の調査では、ヒノキ林において側方被圧による樹冠量の低下が積算効果となって樹高成長に影響する可能性を示している（事例18）。本事例において、普通苗の隔年区では、上方被圧がないにもかかわらず3年生以降樹高成長が低下していた。隔年区では毎年区よりC2の個体が多く、ヒノキの例と同様に側方被圧の積算効果が樹高成長の低下をもたらした可能性がある。

○下刈り省略翌年の下刈り時間は増える

下刈り回数を減らしてコストを削減しようとする場合、隔年で実施すればコストが半分になると思われがちである。しかし、隔年下刈りでは下刈りを実施しなかった年に雑草木が増加するため、毎年下刈りよりも1回あたりの下刈り時間が増加することと予想される。実際どうなのか、時間計測によりその増加割合を調べた結果、毎年区と隔年区の平均作業時間は1haあたり13.9時間と17.1時間となり、隔年下刈りは23％掛かり増しになることが確認できた。他の試験地での調査結果も踏まえ、高知県では2018年から造林事業標準単価に隔年下刈りの区分を作成し、毎年下刈りの2割増しとした標準単価表を導入している。

○さらに気をつけるべきこと

本事例で紹介した試験地では、樹高成長と直径成長の低下以外には植栽木の問題はなかったが、他の試験地ではクマイチゴやタラノキのトゲによるスギ梢端部の損傷やツルの巻き付き被害がみられた。また、より多くの雑草木が繁茂した試験地では、隔年下刈りで誤伐が多くなる事例もあった。

下刈りの省略にはこれらのリスクがあることを念頭に置き、現場を見て下刈り省略の判断を行うべきである。

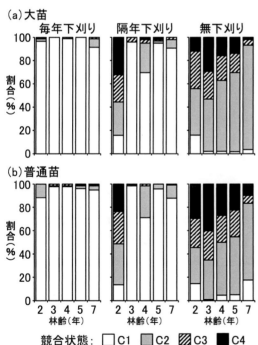

図4-E15-2 各試験区における大苗(a)及び普通苗(b)の植栽木と雑草木との競合状態の比率

競合状態（C1～C4）の説明は第4章2節を参照

事例 16：多雪地域に最適な下刈り回数を探る

長岐昭彦
秋田県林業研究研修センター

○下刈り回数の半減は可能か？

通常 5～7 年生まで毎年行う下刈りを半減の 3 回まで省略することはできるか。これを明らかにするため、岩手県雫石町において下刈りを省略したスギ 6 年生林分を調査した。所有者である小岩井農牧株式会社では、経費削減のため、下刈りを植栽後 3 年生までと 5 年生時の計 4 回（1－3・5 年下刈り）としている。さらに、植栽後 2 年間だけの下刈り（1－2 年下刈り）も試行しており、これら 2 つの林分で植栽木の樹高成長と被圧状態を調べた。その結果、1－2 年下刈り林分では、植栽木のほとんどが被圧され平均樹高も 138cm と低成長だったのに対し、1－3・5 年下刈り林分では、被圧による影響は極めて少なく、平均樹高は 271cm と良好な生育が認められた。すなわち、下刈り回数としては 2 回では成長面での影響が大きく、4 回では通常に近い状態であり、省略化の限界として 3 回の可能性がみえてきた。

○雪国ならではの被害と誤伐

多雪地域（最深積雪深およそ 100cm 以上の地域）においてケヤキを植栽し、下刈りせず放置したところ、主軸折れなどの雪害が多頻度で発生した。スギでも、下刈りの省略により雪害が発生するかもしれない。そこで、秋田県由利本荘市西目（少雪地）と羽後町田沢（多雪地）のスギ伐採跡地において、2013 年の 6 月（西目）と 11 月（羽後）に苗高 35cm のスギコンテナ苗を約 2,500 本/ha 植栽し、下刈り省略試験区を設け、植栽から 4 年生まで樹高成長や被圧状態のほか、雪害などの発生状況を調べた。下刈りの省略試験区は、6 年生まで半減の 3 回を目標とし、下刈りの連年区、隔年区、無施区とした。なお、一貫作業では伐採後すぐ植栽するため、林床の植物が回復・繁茂する間もなく、植栽 1 年目（春植えの場合）の下刈りは不要とされている。そこで、前述の雫石林分の省略方法に 1 年時省略を追加し、2－3・5 年の下刈り（省略年は 1、4、6 年時）とし、試験区の一つとして加えた。

調査の結果、多雪地帯の羽後調査地では、下刈りを省略すると主軸への雪害が数多く発生した。下刈り各区の雪害率は、下刈りを行った年は低く、省略した年は 3.2～5.6 倍高くなった（図 4-E16-1）。この調査地では下刈りを省略すると、背丈の高い草本のタケニグサやススキが繁茂した。融雪後に確認した雪害状況より、植栽木のスギはこれらの下敷きとなって主軸害を

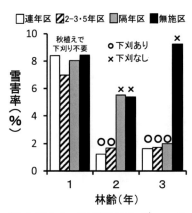

図 4-E16-1　下刈りスケジュール別の主軸雪害率

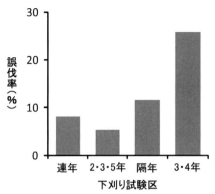

図 4-E16-2　植栽後4年間の誤伐率
誤伐率は、1回でも誤伐を受けた本数割合として算出した。

受けたようである。

　また、下刈りの省略年数が長いほど、誤伐の頻度が高くなることが予想された。そこで、西目試験地において無施区の一部に、下刈りを植栽後2年間省略し、3年目以降に実施する試験区（3－4年区）を設けた。その結果、誤伐率（植栽後4年間に1回でも誤伐を受けた植栽木の本数割合）は3－4年区が26%と最も高く、次に隔年区の12%と続いた（図4-E16-2）。下刈りを省略する期間が長いほど周囲の雑草木が繁茂し、誤伐率がより高くなってしまうようだ。

○雪害・誤伐を軽減し、成長を保つ下刈り省略法

　西目・羽後両試験地における下刈り区別の樹高の推移（図4-E16-3）をみると、植栽後2年目まではどの区も同程度の成長を示したが、3年目以降は、無施区で被圧によって成長が抑制されていた。つまり、植栽後2年までは下刈りを省略しても、樹高成長に影響はなさそうである。しかし、多雪地では雪害の頻度が高くなるし、3年目に初めて下刈りすると誤伐率が高くなることから、植栽年は省略しても、2年目は省略しないほうがいいだろう。両試験地とも2－3・5年区の樹高成長が最もよく、4年目の下刈り省略による成長抑制は認められなかった。植栽後4年生の秋季までの結果だが、2－3・5年区では誤伐や雪害の出現頻度も少なかった。このことから、下刈りは、植栽年、4年生、6年生以降の省略が可能と考えられ、2－3年及び5年生の実施が望ましいと言えそうだ。

　隔年の下刈りでは、連年下刈りと比較し、6年目の樹高成長が2割程抑制された事例がある。また、雑草の種類や繁茂状況、雪の積雪量、地形などは林分によって異なる。今後2－3・5年区でも成長抑制が認められるのか、様々な条件下でも同様の結果が得られるのか、さらなる検証が必要である。

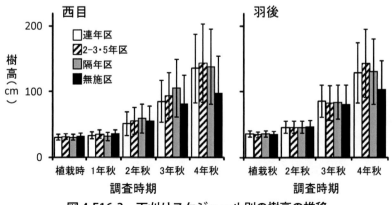

図 4-E16-3　下刈りスケジュール別の樹高の推移

事例17：カラマツの下刈りを省略する

新井隆介・成松眞樹
岩手県林業技術センター

○カラマツなら下刈りを省略できる？

現在、東北や北海道で多く植栽されているカラマツは、スギやアカマツに比べて幼若齢時の成長が早いことから、植栽木の樹高が競合植生より早期に高くなる。したがって、下刈りを削減できる可能性はスギやアカマツより高いかもしれない。そこで、岩手県内に下刈りを省略した試験地を設定し、下刈り回数の削減に対して植栽木や競合植生がどのように反応するのかを調べてみた。

調査は、岩手県北部の軽米町（軽米試験地）と中央部の宮古市川井（川井試験地）で行った。いずれもカラマツコンテナ苗が1,000本/haで植栽されている。試験区設定は、植栽初期の1、2年目のみ下刈りを行う区（2年刈区）と1～3年目のみ行う区（3年刈区）、5年目まで毎年行う区（毎年刈区）とし、軽米試験地には2年刈区と毎年刈区、川井試験地には2年刈区と3年刈区を設定した。なお、すべての試験区で植栽当年と翌年に下刈りを行ったのは、競合植生の繁茂に伴う湿度上昇によって、カラマツの幼齢木に"くもの巣病"が発生することを防ぐためである。競合植生は、軽米試験地では落葉広葉樹と草本植物、ササが同程度で、川井試験地では草本植物が多かった。

○下刈りを省略しても生存率は変わらない

まず、陽樹のカラマツが下刈りを省略しても生きていけるのかをみてみよう。軽米試験地の2年刈区と毎年刈区で下刈りを終了する前後の植栽木の生存率を比較したところ（表4-E17-1)、2年刈区では、植栽2年目（下刈り終了前）に100％であった生存率が、下刈り終了3年後（つまり植栽5年目）には85％まで減少していた。しかし、同期間の毎年刈区の生存率も88％から73％へと減少しており、この試験地での生存率の変化は、下刈り省略の有無にかかわらず同程度であったといえる。川井試験地の2年刈区では、植栽2年目（下刈り終了前）と下刈り終了2年後の生存率はともに94％であったのに対し、3年刈区は植栽3年目（下刈り終了前）の生存率が80％から、下刈り終了1年後には70％に減少した。このように試験地によって若干の違いはあるものの、全体を通してみると、植栽後3年目以降の下刈りを省略してもカラマツ植栽木の生存に大きく影響しないと考えてよさそうである。

表4-E17-1 下刈り終了前後の植栽木の生存率

試験地	試験区	下刈り終了前[*1]	下刈り終了後[*2]
軽米	2年刈区	100	85
	毎年刈区	88	73
川井	2年刈区	94	94
	3年刈区	80	70

[*1] 軽米試験地及び川井試験地の2年刈区は植栽2年目、川井試験地の3年刈区は植栽3年目に調査。
[*2] 軽米試験地は植栽5年目、川井試験地は植栽4年目に調査。

○成長も低下しないのか？

たとえ生存率に違いがなくても、下刈り省略で成長が大きく低下してしまうようでは困る。そこで、植栽木の樹高と根元径の相対成長率についても、両試験地の試験区間で比較して

みた（表 4-E17-2）。軽米試験地では、根元径の相対成長率は 2 年刈区と毎年刈区では同程度で、樹高は 2 年刈区が 0.40、毎年刈区が 0.34 と、下刈りを省略した試験区で成長がよく、心配された成長の低下は確認されなかった。一方、川井試験地では、樹高と根元径の相対成長率は、2 年刈区と 3 年刈区は同程度であった（表 4-E17-2）。このように、植栽後 3 年目以降の省略であれば、下刈り回数の削減が植栽木の成長に及ぼす影響は小さいようである。

表 4-E17-2　下刈り終了後の相対成長率の比較

試験地	試験区	樹高	根元径
軽米	2 年刈区	0.40 a	0.40 a
	毎年刈区	0.34 b	0.43 a
川井	2 年刈区	0.30 a	0.55 a
	3 年刈区	0.30 a	0.59 a

・軽米試験地は植栽 2 年目から 5 年目の 3 成長期間、川井試験地は植栽 2 年目から 4 年目の 2 成長期間の相対成長率を計算した。
・異なるアルファベット間で有意な差があることを示す（t 検定：$p<0.01$）。

○雑草木との競合関係から下刈りの要否を判断

以上のように、下刈り回数削減の可能性がみえてきたが、植栽木と雑草木はどのような競合関係にあったのだろうか？　植栽 5 年目の時点で、植栽木の樹高と植栽木周辺の競合植生の高さを比較したところ、下刈りを省略した試験区の競合植生に対する植栽木の高さの優位性は、毎年下刈り区と比べて遜色がなかった（図 4-E17-1）。具体的には、樹高に対する競合植生の相対高は、軽米試験地の 2 年刈区（下刈り終了 3 年後）が 35％、川井試験地の 3 年刈区（下刈り終了 2 年後）が 38％、2 年刈区（下刈り終了 3 年後）が 44％となり、どの試験区でも 50％以下であった。ちなみに、カラマツ林の下刈りは、ほとんどの植栽木の上方第 1 枝が

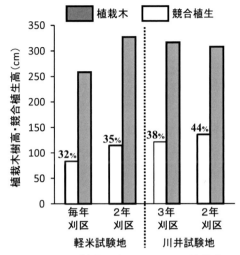

図 4-E17-1　植栽 5 年目における植栽木及び競合植生の高さ

図中の数字は植栽木の樹高に対する競合植生高の割合を示す。競合植生高は下刈りの直前に測定した。

周辺の植生高を超えたとき終了していい（帯広営林支局、1979）とされている。この状態は、今回用いた競合植生の相対高でいえば 80％程度に相当すると考えられる。したがって、川井試験地、軽米試験地ともに初期 2 年間の下刈りで終了してもいいといえるだろう。

今回試験地を設置した岩手県では、樹種にかかわらず下刈りを植栽から 5 年間行うのが一般的である。カラマツ造林地の場合、5 年間の下刈り期間を植栽初期の 2 年間に短縮できれば、約 60％のコスト削減を図ることができることになる。

しかし、どこでも同じような結果になるとは限らない。例えば、今回の試験地の競合植生は落葉広葉樹の割合は小さかったが、高木性の木本類などが主であった場合、植栽初期 2 年間の下刈りでは、植栽木がまだ競合植生に被圧される可能性が高いため、下刈りは植栽初期の 2 年間より長く行う必要があるだろう。

第 4 章：下刈り回数の削減

事例 18：下刈り再開後の植栽木の成長回復を検証する

平田令子・伊藤 哲
宮崎大学農学部

○**下刈りを再開したら成長は回復するのか？**

下刈りを省略すると再生してきた雑草木の被圧によって植栽木の成長は低下する。時にはそのまま枯れることもある。したがって、どこかの時点で下刈りを再開し、成長の回復を促す必要がある（第 4 章 2 節の図 4-2-1 の④）。

しかし、下刈りを再開したら成長は回復するのであろうか？　植物は暗い環境下に置かれるとその環境に順応する場合がある。葉の陰葉化はその典型例といえる。陰葉化した葉に対して、下刈りを再開して強い光をあてた場合、それは個体の成長にとって必ずしもプラスにはならない。場合によっては強光が生理的ストレスとなり、葉が枯れ、結果として成長の衰退や枯死が発生する。雑草木によって遮られていた強風にさらすことも、幹折れなど物理的な損害をもたらす可能性がある。

下刈り省略に関するこれまでの研究は、下刈り再開後の成長にまで焦点を当てることは少なかった。そこでここでは、ヒノキを対象として、下刈り再開後の成長回復を調査した（詳細は、Hirata et al.（2014）を参照）。

調査対象としたのは、2006 年に植栽してから 5 年間、一度も下刈りをせずに放置していたヒノキ林分である。そこは再生した広葉樹で鬱蒼と覆われていた。カラスザンショウやアカメガシワなど先駆種が目立つが、アカガシやシイなど萌芽を出して再生した常緑広葉樹もあった。ヒノキはこれらの広葉樹によって上方からも側方からも被圧を受けていた（平田ら、2012）。このヒノキ林分に、6 年目の夏に下刈りを入れた（以下、「下刈り再開区」）。比較対象として、植栽当年を除き毎年 1 回下刈りを入れ続けた「通常下刈り区」と、無下刈りを続けた「無下刈り区」を設置した。

図 4-E18-1 は、通常下刈り区と下刈り再開区の再開直後のヒノキの模式図である。下刈り再開直後のヒノキは、通常下刈り区と比べて樹幹は細くて長く、樹冠幅は狭く、葉量も少ない。これらの形態的点からはヒノキの成長回復は厳しいだろうとも思われた。だが、胸高直径は 6 年目の終わりにはすでに回復の傾向を示しており（図 4-E18-2b）、樹冠投影面積も、7 年目の夏には無下刈り区と差が開いた（図 4-E18-2c）。樹高はもともと通常下刈り区と同程度ではあったが、7 年目に入ってから無下刈り区では成長の著しい低下がみられたのに対し、下

図 4-E18-1　通常下刈り区（左）と下刈り再開区の再開直後（右）のヒノキの模式図
樹高はあまり差がない。

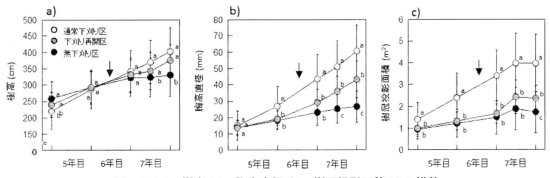

図 4-E18-2　樹高 (a)、胸高直径 (b)、樹冠投影面積 (c) の推移
矢印は下刈り再開区における下刈り再開の時期を示す。誤差バーは標準偏差。異なるアルファベットは処理区間で有意差があることを示す（p<0.05）。(Hirata *et al.* 2014 を一部改変)

刈り再開区では成長低下が生じなかった（図4-E18-2a）。

さらにここでは、ヒノキの幹サイズ（D^2H）の相対成長率を計算し、処理区間での比較を行った。この結果、下刈り再開区のヒノキは、下刈りを再開した 6 年目にはまだ成長回復が十分ではなかったが、7 年目には通常下刈り区と同程度に回復したことがわかった。

今回のケースからは、ヒノキは環境の変化に素早く順応して早期に成長を回復できることが明らかとなった。したがって、ヒノキの場合には、ある程度下刈りを省略できる可能性がありそうである。

○なぜ成長を回復できたのか？

ヒノキが成長を回復できた理由は、次のように考えられる。一つは単純に、光環境がよくなったためである。もう一つは、新しく陽葉を展開できたことである。7 年目の冬に頂端と樹冠下部の側枝先端から葉を採取し、SLA（specific leaf area）を測った結果、無下刈り区の SLA は高く、葉が陰葉化していたが、下刈り再開区の SLA は通常下刈り区と同じで低く、陽葉化していた。下刈り再開区のヒノキは、下刈り後に素早く陽葉を展開することで、強い光が当たっても葉枯れを起こすことなく、光合成生産を増やすことができたのである。

○何に気をつけるべきか？

成長の回復は確認できたが、下刈り再開区の胸高直径と樹冠投影面積は、下刈り再開後も通常下刈り区と同じサイズには戻らなかった（図4-E18-2b、c）。7 年目の生育終了時において、通常下刈り区と下刈り再開区の間には約 1 年～1 年半分の成長の開きが生じた。特に、樹冠拡大の遅れは、通常下刈り区と比べるとその後の物質生産にとって不利となってしまう。このことは、この 1 年～1 年半分のサイズ差が今後も解消されないことを意味する。下刈り省略の導入にはこのような成長差が出る危険性が伴うことを知っておかなければならない。また、無下刈り区において 9 年目に下刈り（除伐）を行ったところ、倒伏が生じた。これは、長期間の被圧によりヒノキの形状比が高くなりすぎたためである（未発表）。今後は、このような初期の成長差や形態の違いが、伐期の遅れといったその後の森林管理に与える影響も調べる必要がある。

事例19：下刈りの判断基準①：その年その年に判断する

山川博美
森林総合研究所

下刈り回数を減らすためには、下刈りをいつ（どのタイミングで）止めるかを見極めなければならない。現状では、一般に年1〜2回の頻度で植栽から5〜6年間続けて下刈りが行われることが多い。しかし、この下刈りスケジュールは拡大造林期以前から変わっておらず、要否の判断とは無関係に慣例的に行われている場合が多い。たしかに、拡大造林期の頃の暖温帯では、植栽木の強力な競争相手となる萌芽によって発生した常緑広葉樹を下刈りでしつこく除去する必要があった（山川、2017）。しかし、現在の再造林地でシイ・カシ類などの常緑広葉樹が繁茂するケースは少なく（事例20）、現状にあった下刈りスケジュールと判断基準が必要である。下刈り要否の最終判断（これ以降は下刈りはしなくてもいい）の基準は事例20にゆずるとして、ここではその年その年の下刈り要否を決める基準について考えてみたい。

○スギ植栽木の成長低下はいつ起こる？

まず、何をもって下刈りの要否を判断するか、その材料を吟味しなければならない。そこで、植栽木と雑草木の競争状態を示す簡易な指標をつくり、4年生のスギ人工林において、植栽木1本1本の樹高成長と競合状態の関係を調査した（山川ら、2016a；第4章2節及び図4-2-6を参照）。すると意外にも、スギ植栽木は樹冠の梢端部さえ周辺の雑草木から露出していれば、その年の樹高成長に大きな低下はないことがわかった。つまり、植栽木の樹高成長の顕著な低下を引き起こさせないことを下刈り実施の条件とすると、スギ植栽木の梢端部が雑草木に埋もれるかどうかが下刈り要否を決める基準となる。

○雑草木に埋もれなくなる植栽木の高さは？

では、スギ植栽木の梢端部が周辺の雑草木から埋もれなくなる高さはどのくらいだろうか？ そこで、4年生のスギ人工林（平均樹高150cm程度）で雑草木の刈り払いを行い、1年後にスギ植栽木と雑草木との競合状態及びスギ植栽木樹冠の雑草木による被覆率を調査した。なお、この造林地での雑草木は、アカメガシワやカラスザンショウなどの先駆性落葉樹が

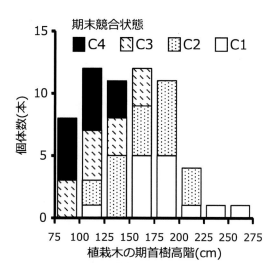

図4-E19-1　下刈り時（期首）における植栽木の樹高階ごとの1年後の下刈り直前（期末）の競合状態

期首樹高が150cmを超えると下刈り1年後に再度雑草木に埋もれる個体は少ない。

ほとんどであった。刈り払い時（期首）のスギ植栽木の樹高とその1年後（期末）の競合状態の関係をみると（図4-E19-1）、スギ植栽木の期首樹高が150cm程度を超えていれば、刈り払い後の1年間で樹冠の梢端部が再度雑草木に覆われる（C4の状態になる）ことはなさそうである。また、期首樹高と期末の樹冠被覆率をみても、期首樹高が150〜170cm程度を超えた植栽木は期末に樹冠がほとんど覆われていないことがわかる（図4-E19-2）。

当然のことだが、雑草木との競合状態を分ける期首樹高は下刈り後の雑草木の成長量に依存するため、どこでも同じ高さというわけにはいかない。この調査地の刈り払い1年後の雑木の樹高階分布をみると、大多数の個体は樹高150cm以下である（図4-E19-3）。ちなみに、樹高150cmを超えている雑木はクサギである。クサギは刈り払い後の萌芽による成長が甚だしく、これらが優占する林地は非常に厄介である。つまり、クサギなど局所的に集中して発生

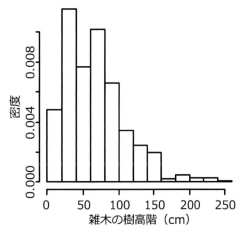

図4-E19-3　調査地での雑木の樹高階分布

大多数の個体は150cm以下で、150cmを超える個体のほとんどはクサギ

するものの扱いは別途考えるとして、アカメガシワなどの先駆性落葉樹が優占する林地では、スギ植栽木の樹高が150〜170cm程度あれば、下刈り後の1年間に雑草木に覆われる確率はかなり低くなりそうである。

○その年その年の下刈り判断基準

雑草木との競合下でのスギ植栽木の成長や、スギ植栽木が下刈り1年後に雑草木に覆われない高さを考慮すると、スギ植栽木の樹高が150〜170cm程度までは下刈りを実施した方がよく、スギ植栽木がその高さを超えた場合には、競合状態を観察しながら、その年の下刈りをするかしないかの判断をすることになる。ただし、150〜170cmという基準はあくまで本調査地での結果であるため、地域や立地、雑草木のタイプごとに基準が必要となる。その際、毎年下刈りが実施されている林地では、下刈り直前の雑草木の高さが1年間の成長量に等しいはずなので、その雑草木群落の高さにスギ植栽木の樹高が到達するまでは、毎年下刈りを実施すべきと考えるのが妥当であろう。

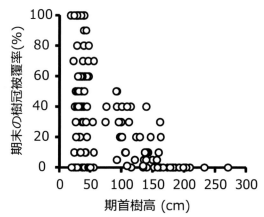

図4-E19-2　下刈り時（期首）における植栽木の樹高と1年後の下刈り直前（期末）の植栽木に対する雑草木からの被覆率の関係

期首樹高が170cm程度を超えると下刈り1年後にほとんど覆われていなかった。

事例20：下刈りの判断基準②：止める時期を決める

鶴崎 幸・佐々木重行
福岡県農林業総合試験場

○あるようでない下刈り終了の判断基準

下刈りは、一般に植栽木が雑草木より高くなり、被圧される懸念がなくなるまで必要とされている。しかし、この"被圧される懸念がなくなる"を現場でどのように判断すればよいのか、明確な基準はない。その年の下刈りの要否は、事例19で紹介されているように植栽木の樹高を基準に雑草木との競合関係から判断することになる。では、このような判断を毎年進めていく中、どのタイミングで「終了」と決定すればよいのだろうか。ここでは終了の判断基準を検討した例について紹介したい（詳細は、鶴崎ら（2016）を参照）。

○下刈りはいつ「終了」と判断する？

調査したのは、福岡県八女地方においてスギが2,000～3,000本/ha程度で植栽され、毎年下刈りが行われた2～5年生の複数の林分である。各場所で下刈り直前（6～7月）の雑草木の種組成を調べると、多くの場所で落葉広葉樹類が優占しており、その多くがアカメガシワやヌルデなどの先駆性落葉広葉樹であった。これらの樹高とスギの樹高の関係から、成長に伴う競合関係の変化、すなわち下刈り終了の判断材料がみえてくるはずである。事前の予想では、スギ樹高が高い場所は地位が高いと考えられるので、雑草木も高くなるのではないかと思われた。

実際の結果を図4-E20-1に示す。スギ樹高が220cm以下ではスギ樹高が高いとアカメガシワやヌルデの樹高も高かったが、スギ樹高が220cm以上ではこれらの樹高は低下し、事前の予想とは異なる結果であった。つまり、スギ樹高220cm付近が"スギが雑草木を被圧し始めたタイミング"であり、ここが下刈りの終了を判断する基準と考えられる。

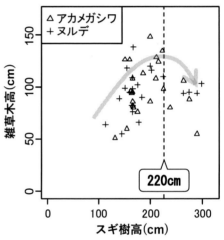

図4-E20-1　スギ樹高と雑草木高の関係
スギ樹高220cmを境に雑草木高が低下している。（鶴崎ら、2016を一部改変）

○なぜスギが雑草木を被圧したのか？

毎年下刈りを繰り返す林地において、スギは連年成長する一方、雑草木は毎年地際から再生しなければならない。スギの樹高がある程度高くなると、それに伴い樹冠幅も大きくなり、雑草木が育つのに十分な光が下層に届かなくなる時期が訪れる。今回の調査地におけるアカメガシワとヌルデについて、このタイミングがスギ樹高220cmであったと考えられる（図4-E20-2、図4-E20-3）。

事例20：下刈りの判断基準②：止める時期を決める

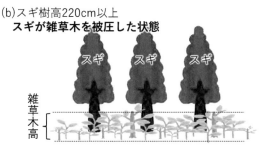

(a) スギ樹高220cm未満
スギと雑草木が競合した状態

(b) スギ樹高220cm以上
スギが雑草木を被圧した状態

図 4-E20-2　スギと雑草木の競合状態
スギ樹高が高くなるとスギによって雑草木が被圧される。

○造林地では先駆性落葉広葉樹が優占する

今回調査した多くの林地で、先駆性落葉広葉樹が優占していた。これは、すべての調査地が針葉樹人工林の再造林地であり、常緑広葉樹林を伐採して造林を行う場合と比較して前生樹由来の常緑広葉樹の萌芽数が少なかったことが原因だろう。前生樹の分布が少ない場合、初期の植生回復は埋土種子の中の先駆性落葉樹が優占する。今後、主伐の増加に伴い、針葉樹人工林の再造林は増加することから、下刈りを行う林地で先駆性落葉広葉樹が優占する場所を見かけることが多くなるのかもしれない。

○各地域に合った判断基準をみつける

今回示した下刈りの終了判断基準は、植栽木（スギ）と雑草木の競合関係に基づいている。植栽密度が低い造林地では、雑草木の成長が旺盛になり、下刈り終了判断の基準は今回よりも高い植栽木高になる可能性がある。また、競合植生の種類や地位によっても基準は異なるだろう。したがって、ここで紹介した手法を用いな

がら、各地域に合った終了判断基準をみつけていく必要がある。

○どの場所でもツル植物に注意

今回調査した林地では、ツル植物が高い割合で侵入している場所があった。ツル植物は、造林木に機械的な損傷を与えたり、それにより強風時に幹折れが生じたり、幹の変形のもととなる可能性がある。ツル植物の分布は、微地形などにほとんど関係がないことが言われており（Mori *et al.*, 2016）、あらかじめツル植物が侵入しやすい林地を予想するのは困難である。現場を見回り、ツル植物が侵入している場合には、今回示した終了判断基準によらず、適切に処理する必要がある。

図 4-E20-3　スギ樹高が120cm程度で雑草木に覆われる林地（上）とスギ樹高が220cmを超え下刈り終了を判断できそうな林地（下）

第5章：低コスト再造林の実践に向けて

　再造林コストはどこまで下げられ、どのような条件で低コスト再造林が可能なのか。本章では、前章までの知見を総合して検討する。

　5.1節では、再造林コストの中身を地拵え、植栽、下刈りという作業別に分析し、地域性を考慮しながらコスト削減の要点を解説する。5.2節では、コスト削減の可能性を広域で判定する手法を解説し、森林計画や施業プラン作成に向けた再造林「適地」の抽出例を紹介する。さらに5.3節では、林業経営面以外の面から再造林のデメリットについても掘り下げ、コスト面からみた再造林の「可否」に加えて、森林の多面的機能（各種生態系サービス）の維持・回復という視点からみた再造林の「是非」についても検討する。

　また、再造林コストを大きく左右する植栽密度の違いについては、過去に設定された密度試験地の結果に基づいて主伐までの収益性を試算し比較した例（事例21）を紹介する。

5.1. 再造林コストはどこまで下げられる？

駒木貴彰
森林総合研究所東北支所

再造林コストの削減は喫緊の課題であるが、コスト削減のポイントとなる地拵え、植栽、下刈りの各作業と、それらを連続的に行う一貫作業は、再造林を行うそれぞれの地域の地形や植生及び気象等の違いによって様々であるため、地域の条件に即した作業方法を考える必要がある。例えば、積雪による造林作業の制約がない九州地方と、その逆の東北地方や北海道とでは、自ずと再造林作業の時期や方法、コストの削減幅も異なる。そこで、地域性を考慮した再造林コスト削減の可能性と課題について述べてみたい。

1．再造林作業のコスト

農林水産省の林業経営統計調査（農林水産省、2015）の林齢別樹種別林業経営費からスギの林齢50年生までの林業経営費をみると（表5-1-1）、地域的な差は大きいものの全国平均では、2008年度調査で50年生までの総額231万円の育林コストに対して、初めの5年生までに要したコストは126万円と55%を占めている。一方、2013年度調査では、全国平均で総額121万円、そのうち5年生までが103万円となっており、コスト全体の85%が植栽後5年までに投下されていることになる。これを2008年度の調査結果と比較すると、この5

表5-1-1　スギの50年生までの育林コスト

(単位：千円／ha)

			全国	東北・北陸	関東・東山・東海	近畿・中国	四国・九州
2008年度	総育林コスト	合計	2,310	1,306 *1	2,381	3,534 *2	1,932
		（内 1-5年）	(1,263)	(239)*1	(1,314)	(1,860)*2	(1,252)
	内労働費	合計	1,040	371 *1	1,408	1,343 *2	788
		（内 1-5年）	(627)	(96)*1	(798)	(762)*2	(628)
	内請負わせ料金	合計	373	649 *1	94	1,043 *2	227
		（内 1-5年）	(93)	(114)*1	(24)	(426)*2	(30)
2013年度	総育林コスト	合計	1,211	2,450	2,318	1,227	1,141
		（内 1-5年）	(1,027)	(2,116)	(1,949)	(1,120)	(996)
	内労働費	合計	197	362	727	57	218
		（内 1-5年）	(152)	(304)	(585)	(32)	(185)
	内請負わせ料金	合計	461	446	106	811	393
		（内 1-5年）	(415)	(266)	(94)	(810)	(372)

注：*1　2年生と1-50年生が秘匿措置のため不明であり、それを除いた集計値。
　　*2　5年生と1-50年生が秘匿措置のため不明であり、それらを除いた集計値。
農林水産省（2017）「林業経営統計調査」

間でスギの育林作業の総コストがほぼ半分になったわけだが、その最も大きな違いは労働費（家族労働と雇用労働の労賃部分）である。2008年度の労働費は104万円と総コストの45％を占めていたが、2013年度には総コストの16％の20万円となっており、金額及び比率とも大きく低下している。その一方で請負わせ料金は、2008年度では37万円（総コストの16％）、2013年度では46万円（同38％）となっていることから、この5年間で家族と雇用者を含む労賃部分を大きく削減して、その一部を請負わせに回していることがわかる。また、育林コストには地域によって大きな違いがあり、各地域の賃金水準や育林作業の違い等を反映したものと考えられる。ただ、2008年度からの5年間で育林コストを大きく削減させるだけの育林作業の技術的イノベーションが進んだとは考え難く、森林所有者の育林作業への投資が減少した可能性が高いが、いずれにせよ造林初期5年間の育林コストが両年度とも全国平均では100万円を上回っている状況に変わりはない。スギを50年で主伐した場合の木材販売収入が全国平均で87万円程度（林野庁、2017a）であることを考えると、再造林作業の初期5年に集中する地拵え、植栽、下刈りのコスト削減が再造林を促す上で依然として大きな問題であることは明らかである。

以下、ここ数年の間に注目されてきた育林技術と、その現場適用によるコスト削減効果を従来方式との比較で検討してみよう。

（1）地拵え作業の省力化と低コスト化

伐出作業と地拵え・植栽を同時並行または時間を空けずに実施する一貫作業により、伐出作業に使用した重機を地拵えに利用する機械地拵えが可能となった。ここでは通常行われている人力地拵えと、最近各地で実施例が増えてきた機械地拵え及び省力地拵えについて、人工数とコストを比較した事例をみてみよう。

岩手県内14か所でグラップルを地拵えに利用した事例が報告されている（岩手県農林水産部森林整備課、2014）。この事例では、通常の人力地拵えの人工数（32人/ha）に比べて1事例を除く13事例で人工数の削減が図られ、

表 5-1-2　岩手県における機械地拵えの事例

市町村	前生樹	平均斜度	地拵え 人工数（人/ha）	地拵え コスト（千円/ha）	コスト削減（％）
盛岡市	カラマツ	15	14.0	426	15
盛岡市	カラマツ	15	8.5	175	65
奥州市	アカマツ	30	25.0	400	20
花巻市	カラマツ	13	6.8	204	59
遠野市	カラマツ	7	4.3	90	82
大船渡市	スギ	25	12.4	240	52
大船渡市	スギ	15	5.5	205	59
大船渡市	アカマツ	25	13.3	277	44
二戸市	カラマツ	15	10.0	174	65
洋野町	スギ	7	3.0	150	70
洋野町	アカマツ	7	2.5	131	74
洋野町	アカマツ	10	5.3	267	46
住田町	スギ	11	38.0	367	26
住田町	スギ	20	13.8	230	54
標準単価（人力）			32.0	499	

注：標準単価は2011～2013年度の平均値。コスト削減率は人力による標準単価をもとにした削減率。
「岩手県農林水産部森林整備課（2014）を改変

コストはすべての事例で人力の場合（49.9万円/ha）よりも削減され、削減率は15～82%となっている（表5-1-2）。また、岩手県と青森県の民有林内で機械地拵えを行った事例（外舘、2016）では、伐採樹種（スギとカラマツ）や土地傾斜度によって異なるものの、人力による通常作業と比較して機械地拵えは人工数で80%、コストで60%の大幅な削減率となった（図5-1-1）。

コンテナ苗の植栽を前提にすれば裸苗の時よりも植え穴を小さくできるため、従来の潔癖な全面地拵えをする必要がなくなる。秋田県内の森林管理署の実施事例では、人力とグラップルを使って丁寧に地拵えする方法と、グラップルのみで枝条整理するだけの省力的な方法を比較した結果、省力型地拵えが人工数で65%、コストで36%の削減率となった（天野、2016）。

鹿児島県内の平坦な地形でのスギ人工林皆伐地の事例では、グラップルによる地拵えは1.5～2.5人/haとなり、コストは示されていないが人工数では従来の方法の1/6～1/9であった（岡ら、2012）。また、石川県の事例では、傾斜が20度以下の場所で枝条を林地に適度に残置する方法で機械地拵えした方が5倍の労働生産性が期待でき、コストも約10万円/haと従来型の1/3～1/4になると試算されている（石川県農林総合研究センター林業試験場、2017）。

このように、機械地拵えを行った場合は人力による従来型の地拵えよりも労働生産性が高まることは確かである。例えば、北海道の造林標準単価では斜度10度以下の平坦地で全刈りする場合、ササ高1m以下での機械刈りの標準単価は最大で従来型の30%程度低く設定されている。ただし、グラップル等の重機を地拵えに使用した場合、1日の使用コストは人力作業の3倍程度になるという研究結果（天野、2016）もあり、重機利用にも自ずと限界があることに留意する必要がある。

なお、都道府県ごとに作成されている造林作業に関する標準単価表には、機械地拵えの単価が設定されていない地方自治体がある。北海道や東日本の各県では機械地拵えの単価が計上されている県が多いが、西日本ではあまりみられないようである。機械地拵えは林内路網密度や地形の違いによって実施が困難な地域もあり、また一貫作業システムの導入が民有林で進んでいないことが理由の一つと考えられる。

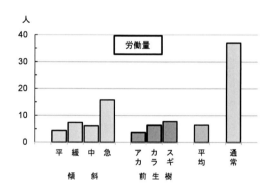
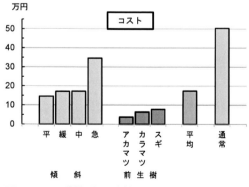

図5-1-1 重機使用地拵えによる労働量と経費の削減状況（1haあたり）
外舘（2016）

（2）植栽作業の省力化と低コスト化

植栽作業は、苗木の植栽効率（単位時間あた

りの植栽本数）の向上と植栽本数の低減（低密度植栽）が直接的なコスト削減の要素となる。苗木生産技術のイノベーションともいえるものに、近年生産量が増えてきたコンテナ苗がある。林野庁のデータでは、生産量は2008年度の6,000本（林野庁研究・保全課、2010）から年々加速的に増加して2014年度末では約257万本（林野庁整備課、2017）になったが、同年の全苗木生産量（約5,650万本）の5％程度であり、今後の生産量拡大が期待されている。一方、コンテナ苗の価格は今のところ裸苗の2〜3倍と高いが、植栽時期の長さや植栽効率の高さは一貫作業の実施に好都合であり、植栽効率と活着率の高さなどによってトータルコストの削減が可能である。また、コンテナ苗自体の生産コストを引き下げるための技術的な研究も行われている（角田・原、2016）。さらに、ほとんどの都道府県が造林標準単価表にコンテナ苗の単価を掲載しており、コンテナ苗の導入を進めやすくするための条件整備が進んでいる。

低密度植栽については、人工林の生産目標によっては十分実用性があると考えられる。例えば、宮崎県の飫肥スギは、江戸時代から大正時代頃まで造船用の弁甲材という特殊用途向けに1haあたり750〜1,500本の低密度植栽が行われていたし、電柱用材や一般用材向けにスギを2,000本/ha以下の密度で植栽した例は各地でみられる（松本ら、2015）。今日では、集成材や合板等のエンジニアードウッドの利用拡大に伴い、多少の曲りや節があっても問題なく使える並材への需要シフトがはっきりしてきたことで、通直無節材の生産を目標とした従来の標準的な植栽本数ではなく、もっと少ない本数で森林を造成する施業も選択肢となり得る。実際、造林補助対象となる植栽本数の下限を引き下げる自治体も全国でみられるようになっており、スギの場合は1,000〜2,000本/haを下限とする自治体が多いようである。

それでは、コンテナ苗と低密度植栽を中心に、再造林における植栽作業のコスト削減の事例をみてみよう。

北海道では、グイマツ雑種F1（グイマツを母親、カラマツを父親とした雑種）について、造林補助金の植栽本数の下限を1,000本/haとしている。この雑種F1の植栽密度を一般的な植栽密度の2,000本/haから1,000本/haに減らすと、苗木代と植栽コストを合わせてhaあたり32万円から17万円にほぼ半減できる（北海道水産林務部、2014）。

表5-1-3 岩手県における低密度植栽の事例

市町村	樹種	植栽本数(本/ha)	苗木規格	植栽人工数(人/ha)	植栽労務費(A)(千円/ha)	苗木購入費(B)(千円/ha)	植栽コスト(A+B)(千円/ha)	コスト削減率(％)
盛岡市	カラマツ	2,000	コンテナ苗	9.6	90	400	490	▲10
花巻市	カラマツ	1,570	コンテナ苗	9.6	91	314	405	9
遠野市	カラマツ	1,289	大苗	13.3	146	88	234	48
宮古市	スギ	2,000	3年生裸苗	11.4	108	306	414	48
宮古市	カラマツ	1,000	コンテナ苗	2.4	39	200	239	47
洋野町	カラマツ	2,060	2年生裸苗	12	113	124	237	47
洋野町	カラマツ	1,550	コンテナ苗	10.3	119	311	430	4
軽米町	カラマツ	1,000	コンテナ苗	2.9	47	200	247	45
岩手町	カラマツ	1,000	コンテナ苗	3.7	60	200	260	42
従来	カラマツ	2,500	裸苗	15.4	274	173	447	
	スギ	3,000	裸苗	18.5	364	428	792	

注：標準単価は2011〜2013年度の平均値。コスト削減率は人力による標準単価をもとにした削減率。大苗は平均苗高78cm。
「岩手県農林水産部森林整備課（2014）を改変

岩手県のスギとカラマツの裸苗とコンテナ苗を用いた9か所の低密度植栽事例では、植栽の人工数は約3〜14人/ha、植栽コストは24〜49万円/haとなっており（岩手県農林水産部森林整備課、2014）、1か所を除いて従来型の作業よりも人工数とコストが削減されている（表5-1-3）。また、カラマツの場合、植栽本数が2,000本/haでは裸苗を利用した方のコスト削減率が高く、一方、植栽本数が1,000本/haになるとコンテナ苗でも裸苗と同程度の削減率になる。これは、カラマツの裸苗（税抜き83円/本）とコンテナ苗（同204円/本）の価格差によるものと考えられる。

岐阜県郡上市でのコンテナ苗（スギ）、セラミック苗（ヒノキ）、裸苗（スギ）、裸苗の大苗（スギ、苗高75cm上）の植栽試験の結果を表5-1-4に示した。これによると、コンテナ苗とセラミック苗の1本あたり植栽時間は裸苗のほぼ半分程度となり効率化されるが、苗木価格が裸苗の2倍以上であることから、1haあたり植栽コストは裸苗利用が最も低い結果となった。また、2,000本/haの低密度植栽の方が3,000本/haの通常の植栽密度よりも植栽コストが低いことが示された（郡上森づくり協同組合、2014）。

このほか各地でコンテナ苗の植栽試験データが収集されつつあるが、宮崎県都城市で行われたスギのコンテナ大苗の低密度植栽試験は全国的にもあまり例がないので、そこで得られた植栽コストに関するデータを紹介しておこう。2017年1月に一貫作業により伐採と地拵えが行われた場所（傾斜6〜20度）に植栽されたスギ大苗の苗高は平均85cm（形状比100.5）（ただし、九州森林管理局ではこのサイズを「中苗」と呼んでいる。コラム6を参照）、通常用いられる300ccコンテナ苗の平均苗高は46cm（形状比60.0）である。植栽に関するコストを抽出したものが表5-1-5であり、1,600本/haの植栽密度であれば300ccコンテナ苗の植栽コストとほぼ同じである（林野庁、2017b）。大

表5-1-4 苗種別植栽コスト

植栽本数 （本/ha）	種類	1本あたり 平均植栽 時間（秒）	苗木単価 （円）	人工数 （人/ha）	植栽経費 （円/ha）
2,000	裸苗（スギ）	84	108	5.86	303,917
	コンテナ苗（スギ）	33	235	2.26	503,956
	セラミック苗（ヒノキ）	32	217	2.19	466,917
	大苗（スギ）	79	108	5.50	298,465
3,000	裸苗（スギ）	59	108	6.16	416,344
	コンテナ苗（スギ）	29	235	3.06	750,833
	セラミック苗（ヒノキ）	28	217	2.88	694,229
	大苗（スギ）	64	108	6.63	423,479

注：人件費は15,000円/日、苗木単価は税込み
　　郡上森づくり協同組合（2014）を改変

表5-1-5 都城市における大型スギコンテナ苗の植栽コスト

項目	1,100本/ha （大型コンテナ苗）			1,600本/ha （大型コンテナ苗）			2,500本/ha （大型コンテナ苗）			2,500本/ha （300ccコンテナ苗）		
	本数	単価（円）	コスト（円）	本数	単価（円）	コスト（円）	本数	単価（円）	コスト（円）	本数	単価（円）	コスト（円）
苗木	1,100	260	286,000	1,600	260	416,000	2,500	260	650,000	2,500	130	325,000
植栽	1,100	108	118,800	1,600	108	172,800	2,500	108	270,000	2,500	90	225,000
合計			404,800			588,800			920,000			550,000

注：コストは税抜き
　　林野庁（2017b）を改変

苗は下刈り作業回数の削減に有効なので、通常のコンテナ苗の2倍の価格であっても、一貫作業に低密度植栽を組み合わせることで再造林のトータルコスト削減に寄与することが期待される。ただ、事例14で言及されているように、低密度植栽下での下刈り作業の省略が雑草木との競争を激化させ、植栽木の成長低下をもたらす場合がある。一方で、低密度植栽で知られた飫肥林業地（宮崎県）では、古くから木場作と低密度植栽が組み合わされていたため林床植生が抑制され、下刈り作業が削減できた（谷本、1980）。小場作と低密度植栽の組み合わせは、第2次大戦以降わが国ではほとんどみられなくなったが、低密度植栽による林業が成立する条件の一つに小場作があったことを示す事例といえる。いずれにしても、低密度植栽と下刈り作業の関係については、競合植生の種類とともに各地域の林業の歴史も考慮した継続的な調査が必要である。

なお、宮崎県の300ccスギコンテナ苗価格（130円/本）は同県の裸苗価格（70円/本）の1.8倍であるが、ここで取り上げた岩手県や岐阜県のコンテナ苗より30〜40％程度安く、両県の裸苗の価格と同程度である。コンテナ苗の私有林での導入はまだ少なく、現状では国有林や一部の公有林での利用が中心となっているが、私有林所有者からは裸苗と同程度の価格であればコンテナ苗を使いたいという声を聞くことから、コンテナ苗生産の量的拡大と価格低減は私有林での利用拡大に向けた喫緊の課題と言えるだろう。

（3）下刈り作業の省力化と低コスト化

下刈り作業コストが造林初期5年程度の造林コストの40％程度を占めており、どこまで削減できるかが再造林作業推進の大きな鍵となる。事例16や事例17にあるように、東北地方の積雪地域での実証試験により、下刈り回数が半減できる可能性が示されている。こうした下刈り回数の削減の可能性が明らかになってくるのに伴い、各県が設定している森林整備の標準単価表（補助金算出単価）の下刈りの項目に毎年実施だけでなく隔年実施の単価を掲載する県もみられるようになってきた。例えば秋田県では、2016年の毎年実施の標準単価が税抜きで13万4,625円/ha、隔年実施が15万8,637円/haであり、隔年実施は18％高く設定されている。また高知県は、2017年の毎年実施が14万5,417円/ha、隔年実施が17万6,031円/haで、隔年実施が21％高くなっている。つまり、両県とも下刈り作業を1年休むことで毎年下刈りよりもコストが約20％掛かり増しになると想定しているわけであるが、隔年実施でも植栽木の成長に悪影響が出ない場所（事例20にあるようにツル植物が繁茂していない場所等）では、植栽後5年から6年間毎年実施するよりも低いコストで下刈りが完了することが期待できる。

一方、これまでも各地で下刈り作業省力化の実証試験が行われており、下刈り方法の違い（全刈り、坪刈り、筋刈り）による省力効果の比較やカバークロップ導入による競合植生の抑制、除草剤の散布による下刈り省力化など様々な方法が試されている。石川県の調査事例では、一貫作業によるスギの再造林地で最低限必要な下刈りは3・4年生時の2回としており（石川県農林総合研究センター林業試験場、2017）、大幅な回数削減が可能であることが示されている。また、和歌山県で全刈りと坪刈りの人工数を比較した結果では、坪刈りの方が全刈りに比

表5-1-6　ワラビをカバークロップに利用した場合の収支試算（1haあたり）

林齢	施業 スギ	施業 ワラビ	支出 スギ	支出 ワラビ	収入	補助金	収支	累積収支
1	植栽	植栽・施肥	477,000	125,000		324,000	-278,000	-278,000
2	下刈	施肥	120,000	40,000		81,000	-79,000	-357,000
3	下刈	施肥・収穫	120,000	376,000	553,000	81,000	138,000	-219,000
4	下刈	施肥・収穫	120,000	376,000	553,000	81,000	138,000	-81,000
5		施肥・収穫		376,000	553,000		177,000	96,000
6		施肥・収穫		376,000	553,000		177,000	273,000
7		施肥・収穫		376,000	553,000		177,000	450,000
8	下刈	施肥・収穫		496,000	553,000		57,000	507,000
9		施肥・収穫		376,000	553,000		177,000	684,000
10		施肥・収穫		376,000	553,000		177,000	861,000

注：スギ・ワラビは2,000本/ha植栽、施肥コスト4万円/ha、ワラビの収量1.4トン/ha、出荷価格40万円/トンで試算。
中村ら（2016）

べて約40％の人工数で実施でき省力化に有効であるとしている（瀧井・萩原、2008）。

　山形県では、スギの伐採跡地にワラビのポット苗を植え込んで生育状態を検証した結果、カバークロップ効果で競合植生を抑制でき、下刈り回数を半分程度まで削減できるだけでなく、ワラビの販売収入で植栽5年目から造林収支が黒字化する（中村ら、2016）というユニークな試験結果が示されている（表5-1-6）。

　このほか、除草剤を利用した下刈りコスト削減の試験も行われており、夏季にグリホサート系の非選択性除草剤（液剤）を苗木の周囲の下層植生に2年間散布すると、散布しない場合よりも下刈りの人工数で65〜80％、コストで65％程度軽減できるという事例が紹介されている（外舘、2016）。除草剤の利用については長らく忌避されてきたが、薬剤の種類や散布箇所の自然環境に十分留意した上で、下刈りコストの軽減に除草剤の利用も考慮されてよいのではなかろうか。

2．再造林コスト削減に向けた課題

　再造林作業のコスト削減に向けた、各地の実施事例を研究途上のものを含めて紹介してきた。本節で取り上げた事例では、再造林を現状よりも30〜50％程度低いコストで実施できる可能性が示唆されている。この場合、地拵え、植栽、下刈りの各作業を連続的に行う一貫作業を導入することがコスト削減の鍵になり、それに加えて、コンテナ苗を利用することで植栽効率の向上が図られ、地域の労働力調達の状況にあわせた現場作業が実現できるようになるだろう。ここで、再造林の低コスト化実現のために考慮すべき課題について述べてみよう。

（1）一貫作業の導入

　一貫作業は、皆伐後の植栽等を考慮しながら作業することで地拵えの簡略化または省略や、植栽初年度の下刈りが省略できるなど、造林コストの大幅な削減が期待できる。しかし、現実には一貫作業が林業の現場に浸透しているとは言いがたい。その理由は、皆伐作業と造林作業は異なる事業体が実施することが全国的に常態化しているためであり、双方の連携もないままに事業が行われている状況である。しかし、一貫作業では伐採と同時または時間をおかずに植栽作業を行うことで造林作業のトータルコスト削減が実現できるため、同一の事業体が伐採と

植栽の両作業を行うか、異なる事業体が行う場合でも伐採担当者が重機で地拵えまで行い、引き続いて造林担当者が植栽作業に入るといった双方の連携が必須となる。

　一貫作業の導入について、国有林では伐採から植栽までを同一事業体に発注する一括発注方式を取り入れているし、秋田県では2015年度から3年間「秋田スギ循環利用促進モデル事業」（素材生産業者等の一貫作業の実施、林地内に放置されている未利用材の搬出利用、再造林後5年の森林管理協定による下刈り等の実施をセットにして95万円/haの定額助成）を試験的に展開するなど、事業契約の効率化や再造林コストの削減のための一貫作業の推進に向けた行政側の取り組みも始まっている。こうした取り組みが他地域でも行われ広まり、一貫作業が定着することを期待したい。

（2）コンテナ苗の利用

　コンテナ苗を林地に植栽した後の樹高と直径の成長について、東北地方の太平洋側では、苗高と根元径の比（形状比）が植栽時点で70以下であれば、裸苗よりも有利になる可能性が明らかになっている（八木橋ら、2016）。ただし、この結果が他の地域にも当てはまるとは限らず、調査を重ねて地域ごとの最適な形状比を明らかにしていくことが必要であり、それに伴って育苗技術の改善も求められる。

　また、コンテナ苗の生産量がまだまだ少ない上に、価格が裸苗の2～3倍するという現状では、造林面積の大半を占める私有林での利用拡大は難しい。コンテナ苗の生産量が加速度的に増えていることは前述のとおりであるが、価格の低減に結びつく育苗段階の技術開発は緒に就いたばかりである。最近の研究では、スギとヒノキの充実種子の選別に近赤外光を利用する技術開発が行われている（コラム3）。この技術によって確実に発芽する充実種子を選別できれば、これまでのように播種床で発芽させた毛苗をコンテナに移植したり、コンテナに数個の種子を播種し、複数個体発芽した場合は間引き作業を行うといった手間が省け、コンテナ苗の育苗が飛躍的に効率化できる。これによりコンテナ苗生産の規模拡大と効率化が進み、苗木価格を低減することも可能となるだろう。もちろん、生産者が安心して苗木を生産できる環境を整えることは、林業施策として非常に重要であることは言うまでもない。

（3）下刈り作業の再検討

　下刈りコストの削減は様々な方法が試みられており成果も出ているが、地形条件や競合植生の状態、気候の違いなどの地域性が大きく影響するため、スタンダードな方法を提示することは難しい。しかし、下刈りはコストもさることながら夏場の作業となるため労働環境としても厳しい。そのため、できるだけ短期間かつ効率的に完了させることが求められる。現在、各地で下刈りの効率化に向けた試験が行われており、大苗との組み合わせで下刈り期間を短縮する取り組みや、隔年下刈り、ワラビのカバークロップ効果の検証、除草剤の試用など多岐にわたっている。全国の地方自治体でも下刈り方法の違いに応じた補助基準を設定するようになってきた。しかし、下刈り期間の短縮につながる隔年下刈り作業や一貫作業に助成が行われる例は少数である。こうした新しい取り組みにはまだ改善の余地があることは確かであるが、林業現場の創意工夫を後押しできるような施策展開を望みたい。

コラム5：低密度植栽の可能性と課題

中村松三

日本森林技術協会（森林総合研究所フェロー）

再造林の低コスト化を図る手法の一つとして、「低密度植栽」にも関心が集まっている。

今まで、スギ等の主要樹種の植栽は全般的にみて3,000本/ha程度で実施されてきた。この植栽本数を例えば半分に減らせば、まず苗木の購入代金を半分に減らすことができ、さらには減らした本数分だけ植栽に当たる作業員の労務費を減らすことができる。再造林経費のコストカットが簡単にできるわけである。果たしてそんなに簡単に考えてよいのか…。

日本の古くからの有名林業地では、その地方独特の生産目標があり、それを実現するための施業があった。今は川下の需要自体が減少し廃れているが、例えば、吉野林業では樽丸（酒樽用材）を生産目標に置き、植栽密度が10,000本/ha内外で、枝打ち・頻繁な間伐、伐期100年以上の施業で、その需要に応えた。一方、飫肥林業では弁甲材（造船用材）の生産を目標とし、植栽密度750～1,500本/ha程度（植栽密度は吉野林業の対極）で、枝打ちなし・無間伐で肥大成長を促進し80～100年で収穫した。

それでは今般の低密度植栽の生産目標は何なのか。疎植であれば、1本の立木に太枝が多く着生し、幹は梢殺（うらごけ）の形状となる。肥大成長は速いが年輪幅は広くなる。従来の3,000本/ha植栽は、枝打ち・多間伐で無節材・無垢材（柱材や板材）生産を目指していたが、疎植では恐らくそれに比べ形質的に劣る可能性があり、無垢材というよりは合板や集成材の材料としての丸太生産になるだろう。無垢材生産は従来の施業に任せ、低密度植栽では短伐期で間伐を省きいきなり主伐に入るという、育林に極力コストをかけない施業があってもよい。川下で起こる合板等の新たな需要に対して、新しい施業体系による木材生産を指向してもよいはずである。その先鞭をつけるのが低密度植栽ではないだろうか。

低密度植栽はおそらくコスト削減につながるだろう。ただし、植栽密度を決定する際は、目先の植栽コストの削減のみにとらわれることなく、しっかりした生産目標を意識することを忘れてはならない。なおその際には、地域の自然環境を同様に意識することも大切である。

ちなみに飫肥林業が疎植だったのは、単に弁甲材生産に適したからだけでなく、台風常襲地帯での林木の耐風性強化（疎植にすると形状比が小さく樹冠長比が大きい風に強い立木ができる）の側面もあった（小川、1974）、という地域の自然環境特性への対応であったことにも傾注すべきである。

図5-C5-1　植栽密度1,000本/haの飫肥スギ林（1964年植栽）

間伐履歴なし。成立本数560本で747 m^3/ha（2014年調査時）（写真提供：伊藤哲氏）

コラム6：「中苗」を用いた低コスト再造林の試行

山下義治
九州森林管理局森林技術・支援センター

　シカ被害対策を含めた造林コストが木材販売価格を上回る状況が続き、再造林放棄地が増加している。この状況を打破するために、日本全国でコンテナ苗や伐採・造林一貫作業の導入により再造林にかかる経費を削減する方策が試みられているが、九州森林管理局ではさらに一歩進めて、スギ「中苗」の活用を検討している。

　中苗という、あまり聞きなれない言葉に違和感を持つ読者も多いだろう。それもそのはずで、九州森林管理局でも中苗という言葉を使い始めたのはつい最近である。ここでいう中苗とは、苗高が70cm～100cm程度の大きめの苗木のことである（図5-C6-1）。これは九州森林管理局独自の定義であり、主に実生系の苗を使用する他の地域では「大苗」の範疇に入るサイズかもしれない。しかし、もっと大きな「大苗」を使用することもある九州では、このサイズの苗を大苗と区分して『中苗』と呼ぶことにしている。ちなみに九州で『中苗』と呼ばれている苗は、苗木生産者が長さ40cm程度の挿し穂から300ccのマルチキャビティコンテナを用いて従来の育苗期間で生産したものであり、育苗期間を特段長くとったものではない。

　中苗の植栽から期待される効果として、植栽木がディアラインを早期に超えることで、梢端部のシカ食害を回避することがあげられる。また、通常は植栽後5回程度実施している下刈り回数も削減できる可能性がある。しかも、育苗期間は普通苗と原則的に変わらないので、育苗を含めたトータルの造林コスト削減に寄与できるはずである。さらに、初期成長の優れた「特定母樹」等の中苗を植栽すれば、なお一層の低コスト化が期待される（コラム4参照）。

　このようにメリットをあげると非常に有望にみえるが、果たして現場でそううまくいくのか。これを実地で検証するために、九州森林管理局では森林総合研究所や宮崎大学と連携し、2017年2月～3月にかけて熊本県人吉市の熊本南部森林管理署内に、スギ中苗植栽試験地を設定して調査を開始した。この中苗植栽試験地では、根元径・樹高等の成長量調査、プランティングショックの影響、無下刈りによる雑草木が中苗植栽木の成長に及ぼす影響、精英樹やエリートツリーの系統別の成長比較、コンテナ苗と裸苗の成長比較、単木保護資材設置が生育状況に及ぼす影響等の、各種データの収集・分析を進めている。

　現在、植栽後2成長期を経過し、スギ適地に植栽された特定母樹由来のコンテナ中苗は平均樹高2m程度に到達している。また、植栽当初に、地上部と地下部のバランスの悪さから心配されたプランティングショック（初期の活着不良や成長低下等）は発生していない。

　今後、宮崎県日南市の宮崎南部森林管理署管内に、新たに「特定母樹等の中苗低密度植栽による造林コスト省力化試験」（仮称）と題し、特定母樹等の中苗を1,800本/haの低密度に植栽し、雑草木等の競合植生の状況把握・評価を実施し、下刈り回数の削減試験を行う予定である。この試験地では、雑草木の成長休止期に下刈り作業を実施し労働強度の軽減についても併せて調査することにしている。日南市は、シカの非生息域であることから、今後はさらに、シカが生息する地域に同様の試験地を設定し、獣害防止柵等のシカ被害防止対策を講じることなくシカ被害を回避できるか検証していく予定である。

図5-C6-1　育苗中の中苗
（白線が苗長70cmライン）

第5章:低コスト再造林の実践に向けて

事例21:九州の試験地からみえてきた植栽密度と収支の関係

三重野裕通
宮崎県環境森林部山村・木材振興課

○ 40年以上前に設定した林分密度試験地

　造林コスト削減の観点から、低密度植栽が各地で取り組まれている。しかし、植栽密度(植栽本数/ha)は、造林コストだけでなく将来の成林の姿を形づける上でも非常に重要である。それは将来、林地から収穫する木材の特性に大きく影響するからである。宮崎県日南市の国有林内に、40年以上前の技術者が同様の考えにより設定した試験地が現存する(図5-E21-1)。この試験地は、377本〜1万27本/haの密度で環状に試験区が設定(未間伐)されており、今でも九州森林管理局宮崎南部森林管理署により管理され胸高直径や樹高などが定期的に調査されている。ここでは、この試験地から得られたデータに基づいて、植栽密度の異なる林分の収益性を試算し比較した事例(三重野、2017)の概要を紹介する。

○ 原木(丸太価格)に着目した収益性の評価

　宮崎南部森林管理署が2014年に行った41年生時点での調査結果を表5-E21-1にまとめた(現行の植栽本数に近い783本/ha〜2,339本/haのプロットの概況を示した)。また、この試験地の蓄積は1,600本/ha〜4,800本/haでは密度のいかんにかかわらず約800m³/haに達

図5-E21-1　林分密度試験地上空からの写真
(写真提供:宮崎南部森林管理署)

している(下山・石神、2017)。

　筆者の評価方法は、植栽密度により生産される原木(丸太)の本数や径級の違いや原木価格が径級ごとに異なることに着目し、これらの収支を比較したものである。売上のもととなる丸太の生産量は、立木の胸高直径と高さから、細り表を活用し、樹高の60%以内で、径級別・長さ別に採材可能な原木(丸太)の量を推定した(図5-E21-2)。また、売上はこの生産量に、宮崎県森林組合連合会が2016年に取り扱った約42万m³分の取引価格をもとにした販売単価(丸太価格)を乗じて推定した。一方、費用については、素材生産費等調査の結果(1m³あたりの平均費用)に加え、国が公表している森

表5-E21-1　評価に用いたプロットの概況(2014年調査)

	ヘ 2,339本/ha	ト 1,626本/ha	チ 1,128本/ha	リ 783本/ha
平均胸高直径(cm)	23.1	27.0	30.2	34.3
平均樹高(m)	17.5	18.6	19.6	19.8
haあたり蓄積(m³)	864	837	744	658

宮崎南部森林管理署業務資料

林整備事業標準工程表の間伐工程より伐倒・造材等の費用単価を算出し、伐倒本数や原木（丸太）の径級に応じた経費を推計した。

売上から費用を差し引いた収支比較は表5-E21-2のとおりである。収支は1,626本/ha ＞ 1,128本/ha ＞ 783本/ha ＞ 2,339本/haの順となった。1,626本/haや1,128本/haといった疎植に比べ、一般的な植栽本数に近い2,339本/haの方が低収益となった理由は、売上面では単価の低い小丸太の生産が多くなったこと、また、費用面では丸太の生産本数が多いため生産効率が低下し1m³あたりの素材生産費が高くなったためである。

○転換期にこそ山づくり技術の再考を

ここで紹介した評価では、収益性の面からも疎植仕立てが有利という結果となった。さらに、造林コストや間伐コストの低減という観点を加えると、さらにその優位性は増すものと考えられる。

一方で、これは販売面では並材が多い宮崎の木材マーケットをもとにした評価であること、及び成長面では挿し木造林地での評価であることには留意していただきたい。

しかしながら、より重要なのは、再造林が増加し新たな資源循環サイクルの入口に立った転換期にあって、以前と同じ更新・育林方法を漫然と続けるのではなく、将来の木材マーケットや山間部の担い手不足を考慮した上で、改めて知恵や技術を集め、次の世代の山づくりに反映させていくことである。

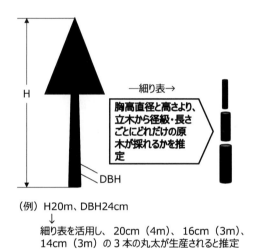

（例）H20m、DBH24cm
↓
細り表を活用し、20cm（4m）、16cm（3m）、14cm（3m）の3本の丸太が生産されると推定

図5-E21-2　立木から原木採材の推定方法

表5-E21-2　植栽密度ごとの収支

		ヘ 2,339本/ha	ト 1,626本/ha	チ 1,128本/ha	リ 783本/ha
売上　計（円/ha）		5,742,279	6,191,426	5,647,105	5,084,032
（内訳）	小丸太（13cm以下）	602,111	342,571	57,193	0
	柱適材（14～18cm）	4,139,502	2,343,234	1,460,122	581,342
	中目材（20～29cm）	490,709	3,152,574	3,786,778	4,075,111
	大径材（30cm以上）	509,956	353,047	343,012	427,579
丸太本数（本/ha）		6,751	5,691	4,007	2,762
丸太材積（m³/ha）		496	524	472	417
費用　計（円/ha）		-3,314,721	-3,303,942	-2,876,997	-2,453,930
（内訳）	(1) 伐倒	-416,687	-298,022	-210,279	-146,740
	(2) 造材	-326,881	-345,509	-311,255	-274,832
	(3) 集材	-1,796,075	-1,841,164	-1,617,434	-1,380,695
	(4) 運材	-775,078	-819,247	-738,028	-651,663
m³当たり素材生産費（円）		5,125	4,743	4,533	4,325
収支（円/ha）		2,427,558	2,887,484	2,770,108	2,630,102

注1. 原木の単価は、宮崎県森林組合連合会の市況結果から平成28年径級別、長さ別（3m、4mごとA材、B材の平均）単価を用いた

5.2. 広域レベルで再造林適地を抽出する

北原文章
森林総合研究所四国支所

　林業者は、実際に再造林を行う場合に、対象とする林分が低コストで再造林を行える場所（適地）であるかどうかを、できるだけ事前に判断したいだろう。そして、森林計画立案の面からは、これを可能な限り広範囲で把握したいはずである。しかし、そもそも現在人工林が成立しているすべての場所が林業に適した場所であるとは限らない。したがって、まずは対象とする林分がこれから木材生産林としての機能を長期的に維持していける見込みがあるかどうかを検討する必要がある。ここでは、どのような場所がそもそも林業適地であり、その中でどのような条件であれば低コストで再造林ができるかという観点から再造林の適地抽出の考え方を示す。併せて、高知県嶺北地域で行った適地抽出の試みを紹介しながら、その課題や利活用の可能性について考えてみる。

1. 再造林適地抽出の基本的な考え方

　広域森林を対象とした再造林適地抽出の考え方について、九州で行われた研究事例（齋藤ら、2013）では、図5-2-1のようなフローが提案されている。このフローは地理情報システム（GIS）の活用を前提として、林業適地の条件と再造林のコストに関わる条件を、自然条件及び林業インフラの面から総合的に組み合わせたものである。

　まず最初に判定の指標となっているのは地位である。地位はその土地が本来もっている生産能力を示す概念である。日本では一般的に基準齢（例えば、四国や九州地方のスギ林の場合40年生）の林分の上層木の樹高（m）が地位の高低を表す値（すなわち地位指数）として用いられ、収穫表をはじめとする林分の成長量や収穫量を予想する際の基準として利用されている。つまり、地位は、初期育林での苗木の成長の良し悪しだけではなく、伐採するまでの林業経営が成立する場所であるかどうかを判断する重要な指標でもある。

　次に判定指標として用いられているのが道路からの距離、すなわち地利である。一般的に地利は、搬出作業や作業道開設のコストに関わる指標であり、地位とともに林業経営を行ううえでの基盤情報となっている。また、地利は造林や育林作業をいかに低コスト化できるかという意味でも重要となる。なぜなら、伐出機械を用いて植栽までを行う一貫作業の実行可能性やコスト削減効果は地利に大きく左右されるからである。

　3つ目の判定指標となっている周辺植生は、

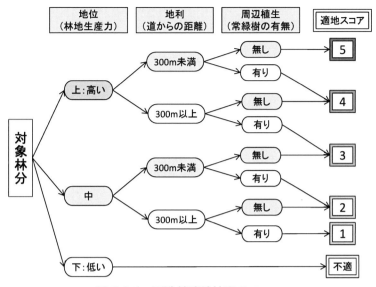

図 5-2-1　再造林適地抽出のフロー
上部四角枠内は3つの判定指標を表し、矢印がつなぐ判定条件は齋藤ら（2013）
に基づく閾値区分を表す。

植栽後の下刈り労力の違いを想定した指標である。特に、常緑樹は落葉樹よりも植栽木に対する被圧の効果が大きいことから、暖温帯では植栽後に常緑樹が繁茂することで、植栽木の成長低下が大きくなり、またこれを排除するための下刈り作業時間もより長くなる可能性がある。そこで、下刈り省略ができるかを判断する要因の一つとして常緑樹の繁茂の可能性を取り上げ、再造林対象地周辺の常緑樹の有無を指標としている。

このようなフローに従って判定していくことで、そもそも林業適地であるかどうかを踏まえたうえで、前節（第5章1節）で示した植栽や下刈りのコストが実際にどの程度かかるのかをある程度予測することが可能となり、低コスト化の可能性を含めて再造林の適否を段階的に判定することができる。

2．再造林適地の抽出試行例

上で述べた適地抽出の考え方を、実際の森林に適用してみた例を以下に紹介する。ここで紹介した判定指標は、広域を対象として可能な限り簡易な手法で適地抽出できるように提案されている。しかし、実際には判定のために必要なすべての詳細なデータを入手するのは困難な場合もあり、それぞれのデータの精度もしばしば異なることが多い。またこの手法では、シカ被害の問題に言及されていない。しかし、実際の再造林地におけるシカ被害は、林業経営の成立に関わる重要な問題である。これらを勘案し、ここでは次のような手法で適地抽出を試みた。

図5-2-2に適地抽出作業のイメージを示す。まず、嶺北地域において抽出に用いた指標は、①シカの生息密度（再造林に際してシカの防除対策を行う必要があるかどうか）、②地位（木材生産力）、③地利（再造林地へのアクセス）、④周辺植生タイプ（常緑広葉樹の繁茂の可能性）の4つである。これら指標の閾値区分のうち②地位については高知県の収穫表の地位区分に基づき変更し、③地利については、嶺北地域

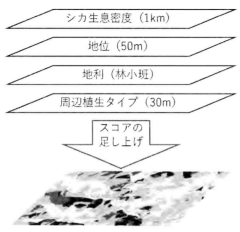

図 5-2-2　再造林適地の試行抽出作業のイメージ
（　）内の数値は指標の解像度を示す。

表 5-2-1　再造林適地の判定指標とスコア

判定指標	区　分	スコア
シカ推定頭数 （/km^2）	< 1	2
	1 - 10	1
	> 10	0
地位	上	3
	中	1
	下	0
地利 （道からの距離）	< 500m	1
	≧ 500m	0
周辺植生タイプ （常緑広葉樹の有無）	なし	1
	あり	0

では道から 300m 圏内にほとんどの林分が存在することから 500m（林分の重心から最も近い道までの距離）とした。④周辺植生タイプについては、本来であれば対象人工林で予想される伐採後の再生植生タイプの情報を現地調査で得ることが望ましいが（第4章2節参照）、広域を対象にこれを得るのは困難であるため、常緑広葉樹の侵入可能性を周辺の植生タイプから判定した。

次に、区分した指標値の再造林作業に対する優劣を表5-2-1のように数値（スコア）化した。これらのスコアを足し上げたものを再造林適地度とした。作成した再造林適地度マップ（図5-2-3）は、適地度が高いほど再造林の実行可能性が高いことを示している。今回の試行では、スコアの重み付けが大きかった地位とシカの生息密度が、再造林適地か否かを大きく決める要因となっており、嶺北地域南部で低コスト

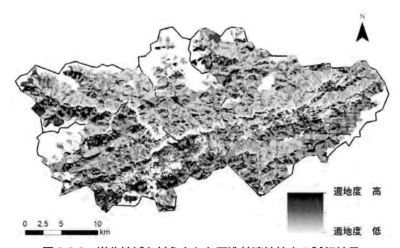

図 5-2-3　嶺北地域を対象とした再造林適地抽出の試行結果
適地度は4つの指標から算出した合計スコアを表し、白色部分は非森林もしくは国有林を表す。

再造林の適地が多いという結果になった。

3．再造林適地抽出の課題

ここで紹介した適地抽出の試行例では、4つの指標を用いて適地の判定を行ったが、判定指標はこれらの4つ以外にも考えられる。例えば、傾斜や地形は植栽や下刈りの作業効率に影響すると考えられている。山地の斜面傾斜度の分布は地域によって差があり、これは伐出に用いる林業機械の種類や効率性にも関係してくる（第2章1節参照）。例えば、架線系作業システムが多く用いられる地域では、ある程度の斜面傾斜がないと集材効率が下がってしまう。一方、車両系システムを用いる地域では、急な斜面は高密度路網開設の制約となり、集材や搬出作業効率に影響を与える。このように、斜面傾斜度は一貫作業の実現性に影響を与える重要な指標といえる。ただし、これらの指標はおそらく地域によって重要度が異なるため、全国一律の指標で判定することは難しい。したがって、地域の林業の状況に合った指標を適宜選択していく必要がある。

各判定指標の信頼性やその解像度の違いについても、適地抽出の際に留意する必要がある。嶺北地域での試行例で使用した指標のうちシカの生息密度は、この地域において5kmメッシュごとに行った糞粒調査をもとに、1kmメッシュに内挿させるモデルの結果（比嘉、未発表）を利用した。また、地位については、国家森林調査データと気象や地形情報を用いたモデルから推定した地位指数（光田、未発表）を利用しており、これらの精度評価は行っていない。判定に利用する指標の検証は抽出結果の信頼性を担保する上で非常に重要であり、ユーザーや開発・提供者は必ずこれを意識しておく必要がある。

表5-2-2には、本試行例で紹介したものを含め将来的な利用が期待される指標の例を示している。森林簿情報は、地位や蓄積量情報について現実林分と乖離していることもあるが、林小班単位での林分情報が整備されており、林齢や樹種などは基礎的な情報として利用することができる。ちなみに、今回の試行例では、適地度算出の過程で林小班単位の情報を30mから1

表 5-2-2　再造林適地判定に利用可能な指標の例

判定指標	データ	解像度
地位	都道府県の森林簿	林小班
	モデルによる推定（本試行例）	50mメッシュ
	航空機LiDARによる地位推定（想定）	林小班
地利	数値地図もしくは都道府県のGIS情報	林小班
林相図	航空写真	数十cm～
	LANDSAT（本試行例）	30mメッシュ
	その他衛星写真	数十cm～
シカの生息密度	都道府県の生息密度調査 環境省ニホンジカ密度分布図（2014）	5kmメッシュ～
傾斜・標高・斜面方位、CS立体図など	数値標高モデル（DEM）	5~10mメッシュ以上
林分情報	都道府県の森林簿	林小班
河川、自然公園	国土数値情報	

kmメッシュの他の指標と重ね合わせて、最終的に林小班単位で適地度を求めている。また、林相や周辺植生情報として航空写真や衛星写真も活用可能であり、河川などの土地利用情報としては国土数値情報も判定材料として有用である。さらに、将来的に期待される森林情報として、近年その利活用が著しい航空機LiDARがあげられる。LiDARによる広域での林分の高さ情報は、地位指数推定には欠かせない情報になると考えられ、将来的には衛星LiDAR技術の発達とともに、さらに広域な地位指数の推定が可能になると予想される。

指標の種類だけでなく、指標の閾値区分や閾値ごとに決めるスコアについても、地域に応じた方法があると考えられ、閾値やスコアの科学的根拠等を含め十分に検討する必要がある。試行例にあげた嶺北地域の多くは急傾斜地にあり、架線系の伐出作業を主としている。車両系が多く用いられる地域と比べて地利の閾値はより大きくあるべきであろうし(試行例では500mとした)、用いられる架線集材機械の種類によっても閾値は異なるため、その地域特有もしくは様々な判断が可能な適地図が必要となる。また、スコアを決める際に、施業に関わるコストを各指標の重み付けとしてスコアに反映させることができれば、より適切に低コスト再造林適地を抽出することができる。しかし、各指標がもつ施業関連コスト削減への影響は複合的である。地利は地拵えや植栽、下刈り作業効率に影響し、また、地位は植栽木だけではなく雑草木の成長にも影響するであろうから、下刈り作業効率にも関わる可能性がある。このような複合的な影響を分離してスコアに反映するのは、現時点ではなかなか困難であり、その実現に向けてさらなる事例収集と分析が望まれる。

近年、再造林や天然更新の指針やガイドラインなどを意思決定者に向けて公表する都道府県が増えてきており、これらは、図5-2-1に示す適地抽出のフローと同じ考え方であることが多い。また、都道府県や市町村によっては、木材生産機能を重視する生産林(経済林)と公益的機能を重視する環境林を区分し、独自のゾーニングが行われている。その事例として、大分県における生産林の区分の判定基準は以下の指標と閾値となっている(大分県、2013)。①地位(40年生で林分材積300m^3/ha以上)、②公益的機能が望まれる林地を除外(渓畔林、自然公園等)、③地形条件(傾斜35度未満、標高1,000m未満)、④崩壊の可能性がある箇所を除外、⑤天然林である林地を除外。大分県ではこの基準に基づき、GISを用いて生産林候補地を区分したのち、現地調査による精度検証と、それに基づく修正(地域的な基準の変更)が行われている。

最後に、抽出した適地情報は、定期的に更新されることが望ましい。生産力を表す地位などは変わり難い土地のポテンシャルであるため、大きな土地の改変がない限り考慮しなくてもよいが、シカの生息密度などの指標は経時的に変化する。指標にもよるが、抽出する適地情報には耐用年数があることを意識しながら、更新の際にはPDCAサイクルに基づいた検証(Check)、改善(Action)が重要となる。

4．だれがどういう場面で使うか？

民有林における皆伐・再造林の意思決定は、主に森林所有者によって行われる(その一部は森林施業プランナーの提案により促される)。再造林適地情報を森林所有者(もしくは森林施業プランナー)へ配布することで、意思決定支

援のツールとして活用してもらえる機会は増えるだろう。しかし、配布・公表には、その判定・抽出精度が担保されていることが大前提となる。また、林地生産力などは個人の土地の価値（不動産情報）を公表することになるため、開発・提供者はその取り扱いには注意しなければならない。この個人情報保護の観点からは、地域森林計画を策定する都道府県や、市町村森林整備計画や森林経営計画の作成を支援するフォレスター（森林総合監理士）が利用することが望ましい。長期的・広域的な視点のもと中立的な立場から地域の森林・林業に関する情報を持つべきフォレスターが利用することで、木材生産を維持していくべき林分の把握が支援され、地域の主伐・再造林の計画をより適正に行えるようになる。一方、次節（第5章3節）で述べられるように、森林の適正な再配置や長期計画の観点から、行政職員が森林所有者に対して皆伐を勧めないケースもありうる。このような場面では、その論拠として再造林適地情報よりも、不適地情報を地域森林計画の策定などに利用する方が、実効性を発揮するかもしれない。いずれの場合においても、信頼性がどこまで保証されているのかを強く意識しておく必要があり、特に林分単位での伐採・再造林計画に用いる際は、必ず現場を見て最終的な判断をする必要がある。

5．今後の展開

　ここまで、再造林適地抽出の考え方や試行例、その課題を述べてきた。これからの展望としては、身近な存在となってきたLiDARやUAV（ドローン）が、今後の判断基準の作成に有用な情報収集手段として期待できる。これらはデータ整備にコストがかかることが課題としてある一方で、技術としての伸びしろがあり、これから更なる発展が見込まれる。また、近年注目されている森林クラウドは再造林適地抽出のプラットフォームとしても期待できる。森林クラウドとは、Web-GISを利用して林相図や森林計画図、地形図、路網などを公開・共有するシステムであり、実効性の高い森林計画の作成を行える情報基盤の共有と、それらを分析するツールの開発を目的として取り組まれている。また、都道府県独自の取り組みとして、インターネット上で森林計画図や森林簿情報の公開が行われている地域もある（例えば、群馬県や山口県、宮崎県）。今後インターネットを介して、様々な判定指標をユーザーが選び、それぞれの判断区分によって適地を抽出するシステムが構築できれば、皆伐・再造林の意思決定支援にとって有益なツールとなるであろう。

第 5 章：低コスト再造林の実践に向けて

5.3. どこでも再造林しないといけないのか？

伊藤　哲・光田　靖
宮崎大学農学部

　前章までに、再造林を低コストで行うための技術的な知見を示してきたが、その大前提には再造林が必要であるとの認識（要否の視点）があった（第 1 章）。ただし、この必要性はあくまでわが国の森林・林業全体を俯瞰した一般論であって、本章 1 節及び 2 節で述べた再造林が可能かという視点（可否の視点）からみれば、経営的に再造林が不可能な場所も当然ある。さらに、再造林をしてもよいかという視点（是非の視点）からみると、むしろ避けるべき場所もあるはずである（伊藤、2016）。本節では、このような複数の視点から今後の再造林のあり方を整理してみたい。そのために、まず森林の機能に関する従来の考え方と近年用いられるようになってきた「生態系サービス」の相互関係を整理し、これら機能論・サービス論を基礎に森

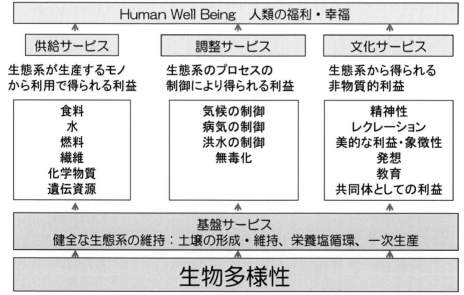

図 5-3-1　国連の生態系ミレニアムアセスメントにおける生態系サービスの概念の模式

生物多様性によって生態系が健全に維持され、これに支えられて供給・調整・文化サービスという直接的なサービスが発揮される。

林経営・施業の原則論に立ち返って、本書で示してきた再造林の低コスト化技術をどこに適用すべきなのかを示す。

1．再造林をしなければならない理由：供給サービスの持続

再造林をしなければならない主たる理由は、持続的な木材の生産と供給（保続）である（第1章）。木材生産機能は森林が有する機能の1つであるが、近年用いられるようになってきた生態系サービスの概念では「供給サービス」と呼ばれている。

今世紀初頭に国連主導で実施された生態系ミレニアムアセスメント（MA）の枠組みでは、我々人類の生存と福利は様々な生態系サービスによって実現されるとされている（図5-3-1）。人間の生活に直接的に関わるサービスは「供給サービス」、「調整サービス」、「文化サービス」の3つであり、これを支えるのが健全な生態系が維持されること、すなわち「基盤サービス」である。基盤サービスが健全に発揮されるには、生物多様性が保全されていなければならない。MAでは、地球規模でみると20世紀に供給サービスに偏重した生態系の過剰利用（オーバーユース）が起きた結果、生物多様性が劣化し、基盤サービスをはじめとする生態系サービスが劣化したとされている（MA、2005）。

森林生態系の様々なサービスは生態系サービスという用語が使用される以前から認識されており、わが国では森林の有する「多面的機能」と呼ばれてきた。これらの機能は、ほぼそのまま生態系サービスのいずれかに対応する（図5-3-2）。しかし、従前の多面的機能と生態系サービスの概念には、1つの違いがある。従前の機能論では森林の機能は物質（木材）生産機能と公益的機能に大別されており、それぞれの機能が並列な関係で捉えられがちであったが、「生態系サービス」では生物多様性から人類の福利

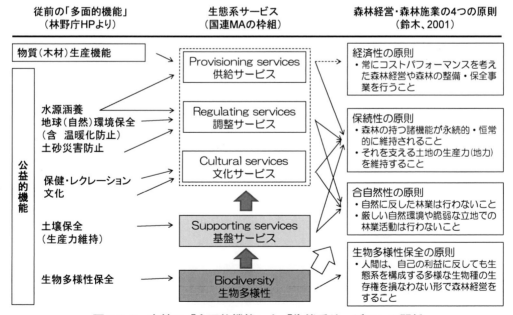

図5-3-2　森林の「多面的機能」と「生態系サービス」の関係
従前の「多面的機能」は「生態系サービス」と概ね対応している。

までをはっきりと階層的に捉えている。すなわち、生物多様性がすべてのサービスの基礎として位置づけられており、基盤サービスはその他の3つのサービスを保証する自然科学的な基盤として位置づけられていることが、従前の並列的な機能論との大きな違いである。

第1章に示した再造林の必要性を生態系サービスの概念を用いて言い換えると、戦後に整備されてきた木材生産林の有する供給サービスを今後も持続的に発揮させるために再造林が必要である、と表現できる。

2. 再造林ができない理由：コストの問題

このように、持続的な資源利用の面で再造林は確かに必要であるが、経営的な側面からみると、どこでも再造林が可能なわけではない（第5章1節、2節）。久しく続く林業経営の不振が再造林意欲の減退につながっていることは第1章にも示された通りであり、本書の目的はこれに立ち向かうための再造林の低コスト化である。しかし、本書に示した低コスト化の技術がすべての人工林に適用できるとは限らない。対象となる森林の自然・社会的立地環境によって、再造林に係るコストは大きく変動する。したがって、低コスト再造林の実行の可否（Feasibility）には、コストの予測が極めて重要となる。その中身や方法論については、第5章1節で述べられたとおりである。

3. 再造林をすべきでない理由：供給以外の生態系サービス

では、経済的・経営的に再造林できる場所はすべて再造林しなければならないのだろうか？いくつかの視点から考えてみる。

（1）生態系サービスのバランス

まずは供給サービス以外の生態系サービスについて考えてみよう。先述した前世紀の生態系オーバーユースをわが国の戦前・戦後の森林に当てはめると、明治から大正にかけての造林は、それまでのオーバーユースで発生した土砂流出の著しい無立木地や荒廃林地への治山造林の側面もあったとされることから（太田、2012）、供給サービスだけでなく基盤・調整サービスの回復も重要な目的であったといえる。これに対して、戦後の拡大造林・林種転換政策は、それ以前同様に治山造林の側面もあったが、社会の要請に応えるための増伐により木材伐採量が大幅に増加し、これに見合うだけの成長量を確保する目的で実施された（第1章1節）。すなわち、この時期の造林は、短期的な木材生産効率を求めた供給サービス強化の側面がより強かったといえる。その結果、公益的機能（調整・文化サービス）の低下が起きたことは周知のとおりである。そこには、生物多様性の低下や、これによる基盤サービスの劣化が介在していた。

さらに、基盤サービスの劣化（例えば、土壌の流亡）が、本来求められていた供給サービスをも結果的に低下させてしまった事例がある。したがって、供給サービスの維持のために再造林を実行するのであれば、このような過去の失敗例にも学ぶ姿勢が必要である。

無理な拡大造林による基盤・調整・文化サービスの低下は、一言でいえば成長量至上主義の弊害であり、この認識は既に一般的になっていると思われる。一方で昨今は、社会的要請とされる二酸化炭素吸収のために「成長量の大きな森林の確保」の必要性が謳われ、伐採と再造林を促進する1つの理由に位置づけられている。

これを一律に進めるようなことがあれば、基本的には戦後の拡大造林時と同じく、特定の生態系サービスにだけ目を向けた危うい論拠に立っての施策を推進することにはならないだろうか。

（2）齢級構成の平準化

もう1つ、第1章で述べられた人工林の齢級構成の平準化についても、今一度ここで考えてみよう。最近、「主伐・再造林を推進して齢級構成を法正化することにより森林の若返りを図り、機能を増進する」という論調を耳にすることが多い（大住、2016；佐藤、2016）。確かに齢級構成が平準化され法正林に近い状態になれば、木材供給の持続性は担保されるだろう。しかし、もっと単純な木材供給の持続性の要件は「伐りたい時に、伐るに値する資源が常に存在すること」である。かりに成熟林分に齢級が偏っていても、それを一気に伐ってしまわない限り資源の持続性に致命的な問題は生じないはずである（大住、2016）。そう考えると、齢級構成の平準化は持続的な木材供給の十分条件ではあるが、必要条件ではないことになる。誤解しないでほしいが、第1章では、森林資源そのものではなく、生業（なりわい）としての林業を持続させる視点から、齢級構成の平準化に言及していたのである。一方で、森林が若返れば、木材生産以外の多面的なサービスが本当に増進されるのだろうか。そうだとすれば、戦後拡大造林後に顕在化した問題はいったい何だったのか。森林資源の若返り論は、実はもっと慎重に考えるべきである（図5-3-3）。

（3）主伐・再造林 vs 長伐期施業

主伐・再造林を、その対極にある長伐期化と

図5-3-3　持続的林業のために進められるスギ再造林

気候に恵まれ林木の成長が速い九州では、戦後に造成された人工林の主伐が国内でいち早く活発になり、その後の再造林も多くの努力によって進められている。再造林は生業としての林業と供給サービスを持続させるために必要不可欠である。一方、安易な「森林資源の若返り」論が、必ずしも多面的機能の増進に結びつくわけではないことには注意が必要である。（写真提供：山川博美氏）

比較すると、さらにいろいろなことがみえてくる。適切に管理され標準伐期齢を超えた林分の多くは、従前の予想よりもはるかに大きな成長ポテンシャルを有している（正木、2017）。つまり、これらの森林は過熟林ではない。また、供給以外の生態系サービスの面からは高齢林が望ましいのは明らかで、機能的に過熟という評価はない。つまり、生態系サービスのバランスの回復という視点から、長伐期化は1つの選択肢として十分検討に値する。ただし、標準伐期齢での主伐を前提として育成した人工林には、間伐遅れ等の理由で葉量不足の林が相当多いのも事実である（図5-3-4）。このような、樹高成長による葉量回復を見込めない林分での長伐期化は、林業経営的には不可能だろう。また、かりに経営的に可能だとしても、長伐期化による風倒被害リスクの延長も気にしておかなければならない。むしろ、主伐・再造林の方が望ましいケースもある。

このようにみていくと、主伐・再造林と長伐

第5章：低コスト再造林の実践に向けて

図 5-3-4　間伐が遅れ、下枝が枯れあがったスギ人工林

樹冠長率（樹高に対する樹冠長の比率）が10％を切り、葉量不足で今後の樹高成長による樹冠量の回復はおそらく見込めない。また、間伐を行うと風当たりが強くなり、風倒の危険が増す恐れがある。このような林分は長伐期には向かず、主伐・再造林を選択するのが妥当だろう。

期化のいずれかを選択する場合、個々の林分の現状を把握しないままでの二者択一的な議論には全く意味がない。長伐期化は施業選択の1つとしてあってよいが、個々のケースの可否判断とリスク評価が必須である。一方で、齢級構成の平準化は林業が持続的であるための国家目標の1つとしてあってよい。しかし、主伐・再造林の選択が、老齢過熟による森林の機能低下、特に生産力の低下という科学的根拠の乏しい理由により進められるとすれば、林業は戦後拡大造林の結果から何を学んだのかと問われることになるだろう。

4．森林経営・森林管理の原則に立ち返る：林学の視点からみた再造林

　ここまで、生態系サービスの概念で再造林の是非を論じてきた。同じ内容の繰り返しになるが、ここからは森林経営・森林施業の原則論に立ち返って再造林の要否・可否・是非をもう一度考えてみたい。

　図5-3-2に森林経営・森林施業の4つの原則（鈴木、2001）を示した。この原則は、現在の森林総合監理士研修のテキストにも採用されている。先に述べた「再造林しなければならない」理由は、4原則の1つである保続性の原則（特に、収穫の保続）が論拠となる。一方、「再造林できない」という可否の理由は、林業の費用対効果に基づく経済性の原則によるものである。この2つの原則（ただし、保続性ついては狭義の収穫の保続のみ）で考えると、再造林が必要だからコスト的に可能なところでは実行する、つまり従前の人工林施業を継続するということになる。

　果たしてこれでよいか？　もう少し4原則に目を向けてみる。まず、保続性の原則は収穫の保続だけでなく林地生産力の維持・保続（つまり、基盤サービスの維持）も含んでいる。したがって、土壌が流出しやすいような脆弱な立地での再造林は保続性の原則に反する（図5-3-5）。残る2つの原則も再造林を規制する方向である。1つは自然の原理に合った森林施業をすべきという合自然の原則であり、自然科学的にみた林業不適地の考え方や目標林型の問題である。もう1つは多様な生物種を保全すべきという生物多様性保全の原則である。これらに照らすと、当然、コスト的に可能であっても再造林をすべきでない場所が出てくる。

　再度、戦後の拡大造林を例に考えてみよう。戦後の拡大造林は森林の成長量の増大と木材資源の充実をもたらした。ただし、いかに時代の要請があったにせよ単純一斉林をつくりすぎた感は否めない。例えば、合自然の法則に合わない場所への造林が不成績造林地をつくり出し、場所によっては斜面崩壊等を誘発して公益的機

図 5-3-5　急傾斜地の花崗岩風化土壌における人工林伐採後の表土流出
このような場所での皆伐・再造林は表土流出を誘発しやすく、特に水源涵養機能を期待すべき林地では細心の注意を要する。

能を劣化させ、保続性・経済性の原則に合わない森林が生まれた。また、一斉林の画一的な造成によって、生物多様性保全の原則が損なわれるほどに多様な生物が大規模に排除された。もちろん一部には、人工林の伐採が生物多様性の維持に貢献するという見方もある。確かに周期的な伐採は明るいハビタットをつくりだし、放棄された里山で失われつつある草原性の生き物などに、ある程度のハビタットを提供できるだろう。しかしだからといって、その場所でしか生きていけない生物を排除してよい理由にはならないし、排除の度合いによっては基盤サービスが劣化して保続性の原則も揺るぎかねない。

これらの問題を解決するために、生物多様性や自然環境に配慮した人工林を造成する考え方もある。しかし、森林の伐採や人工造林は、どれほど自然環境に配慮したとしても、生物多様性や基盤サービスに対して全くインパクトを与えないはずはない。斜面で木を伐れば必ず土砂は流出する。木材生産効率を高めようとすればするほど、撹乱の規模や強度は大きくなりがちであり、そのインパクトは大きくなるだろう。

自然環境に配慮した人工林の整備とは機能を人工林化以前よりも向上させるものではなく、所詮は機能劣化の度合いを軽減するものと考えるべきである（中村、2004）。しかも、自然環境にやさしい多様な人工林をつくろうとすればするほどコストや技術の問題が大きくなり、収益性が落ちて経済性の原則が成り立ちにくくなる。我々はこれらのトレードオフから目を背けるべきではない。

誤解のないように再度確認しておきたい。再造林は必要である。また、森林の供給サービスを維持向上させる上で、モノカルチャーは極めて合理的である。地球上には毎年、場合によっては年に数回も大規模に人為撹乱を起こしてモノカルチャーを繰り返す農地がたくさん存在し、人類の生存と福利のために必要なものと認識されている。これに比べれば、数十年に一度撹乱を起こす程度の人工林施業のすべてを否定する理由はない。問題は、生態系サービスのバランスを回復させるためにどこで再造林を行って人工林施業を継続するのか、である。なぜなら、農業に比べて環境の人為的制御が困難な林業では、合自然の原則は極めて重要であり、これに反する施業は他の原則を成り立たなくしてしまう。

拡大造林期の人工林が伐期を迎えつつある今こそ、不適切な場所での人工林施業から撤退することを自然科学的に真剣に考え、森林の配置をあるべき姿に誘導するチャンスである。これを実現する上で基本となる事項は、上述のように森林経営・施業の4原則にも示されている。次項以降では、4原則に基づいて再造林の是非を判断する際の具体的な考え方を述べる。

5. 人工林施業からの撤退：自然林化の適地はどこか？

再造林の判断とは、裏を返せば今ある人工林のどこで広葉樹林化・自然林化を図るかの判断である。そこで、人工林施業から撤退し広葉樹林化すべき「適地」について考えてみる。

人工林伐採後の広葉樹林化は様々な要因によってその成否が左右されるが、最も重要な要因は前生稚樹の存在であり、暖温帯の常緑樹林域ではその影響が特に大きい（Yamagawa et al., 2010）。前生稚樹が存在するような人工林では、収穫時に前生稚樹をしっかり保全できれば伐採後比較的容易に自然林を再生することが可能で

図 5-3-7　土石流によって土砂に埋まった渓畔域
渓畔域での人工林造成は、一つ間違えば、林業の被害だけでなく下流側の流木災害を誘発しかねない。今後はさらに、気候変動に伴う降雨強度の増大によって、このような場所が増えるかもしれない。

ある。では、可能だから広葉樹林化の「適地」と考えてよいのか。人工林の成林後、間伐が遅れた場所では前生稚樹が消失する。一方、前生稚樹が豊富な場所は、初期保育の遅れた不成績造林地を除けば、成林後も適切に間伐等の管理作業が行われてきた林分であろう。このような人工林を広葉樹林化するということは、これまで適切に管理することが可能で、これからの管理も比較的容易な場所であるにもかかわらず、今後は林業活動が放棄されるということである（図5-3-6）。これでよいはずがない。これでは保続性・経済性の原則が成り立たない。

再造林についても同様である。コスト的に可能という理由のみで再造林を実行すれば、保続性・合自然性・生物多様性の原則からみて本来自然林に戻すべきところ（例えば、脆弱な土地や希少種のハビタット）に再造林を実行することにもなりかねない（図5-3-7）。さらに、コスト試算のみに基づいて再造林対象地を選定すれば、地位・地利などの一律の基準を満たす場所に造林地が偏り、地域レベルで森林生態系サービスのバランスの低下も招くであろう。これ

図 5-3-6　地位も地利もよく、これまでの適切な管理によって豊富な常緑広葉樹が下層に生育するヒノキ人工林
このような林分の皆伐後は、前生稚樹からの旺盛な萌芽再生が予想される。しかし、それだけを理由に、地位も地利もよいこの場所を「再造林不適地」と判断するのは妥当ではないだろう。

を回避するために、コスト以外の問題も含めて再造林の是非を考えていく必要がある。

ここまでを要約すると、以下のようになる。「再造林を進めるべき場所＝可能な場所－やってはいけない場所」

実に単純な考え方であるが、実行段階で考慮されているかどうかは疑わしい。その理由は、土地所有や担い手、補償制度といった社会的な問題もあるが、「再造林してはいけない場所」について合意形成に資する科学的な論拠が提示されているかどうかも大きな問題であろう（伊藤、2014a；2014b）。

6．再造林の是非は判断できるのか？：科学的論拠

再造林の是非の判断は喫緊の課題である。可能な場所（コスト面）については本書でその判断材料を提示している。そこで、以下では伊藤・光田（2007）の考え方をもとに、木材生産を持続しつつ生態系サービスのバランスをとるという視点から「再造林をやってはいけない場所」について私見を提示したい。

① 経済性・合自然性の原則からみれば、生産力の低い場所は林業活動の対象から外すべきである。無理をして造成した拡大造林地では成長が悪いだけでなく気象害等も多く発生し、造林後の手入れもままならなかった。このような場所で再造林を行わないという考えは、おそらくコスト面から不可能と判断される場所と矛盾しないはずである。

② 合自然性・保続性の原則からみれば、基盤サービスが脆弱な場所からは撤退すべきである。特に生産活動の中で表土の保全が困難な場所は現在「多様な森づくり」として非皆伐施業や混交林化等の対象とされているが、最終的には再造林を回避すべき場所と考えた方がよい。

③ 生物多様性の原則に照らせば、たとえ地位・地利がよく強靭な基盤サービスが保障されていたとしても、その場所でしか生きていけない生物のハビタットでは集約的な生産活動から撤退すべきである。

上記3つはそれぞれの林分ごとの判断基準であるが、生態系サービスのバランスという面では集水域・ランドスケープの視点も重要である。この視点から、もう少し議論を加えたい。

④ 先に述べたように、斜面での森林伐採・造林はどんなに配慮したとしても土砂流出や生物多様性の低下を完全には回避できない。つまり、林分管理だけで生態系サービスのバランスをとることは不可能である。その中で再造林によって供給サービスを維持するのであれば、一方で生産活動のインパクトを軽減し、一定の生物多様性と基盤サービスを補償する手立てを集水域やランドスケープのレベルで考える必要がある。すなわち、木材生産とその他の目的で林地を共用（Land sharing）する考え方だけでなく、他の目的のために木材生産林を節約（Land sparing）する考え方である（図 5-3-8、伊藤、2018）。例えば、緩衝帯や生態的回廊として高い機能が見込まれる場所については、上記の①〜③にかかわらず林業からの撤退を検討すべきである（Kamada, 2005）。

⑤ モントリオール・プロセスの基準に準拠すれば、地域の様々な森林タイプが一定水準で保全される必要がある。したがって、生物種の多様性だけでなく地域内の森林タイプの多様性が確保されるような自然林化も再造林の判断に含まれてしかるべきである（光田ら、2013）。

最後に、②〜⑤を兼ね備える場所として渓畔林の重要性は極めて大きく、昨今の林野行政の

指針にも取り入れられていることを強調しておきたい（図5-3-9）。

上記の基準のうち、特に①〜④に基づいて、再造林すべきでない場所を抽出した例（伊藤ら、2013）を図5-3-10に示す。ここでは林地生産力、表土の安定性及び生物多様性が連続的な数値として評価されており、これに一定の閾値を与えることで人工林撤退候補地を抽出している。ここで重要なのは、それぞれの閾値が一律に決まるのではなく、地域の実情や社会的な

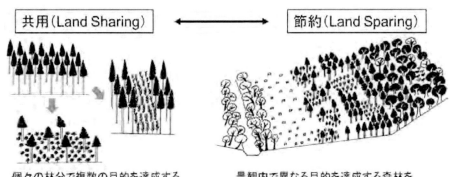

図5-3-8　森林管理における土地の共用と節約の模式

共用では、林分管理によって一つの林分で複数の機能を発揮させる。節約では、生産林地を節約して他の機能を発揮させる森林に充てる。

図5-3-9　渓畔林における林業撤退と自然林再生の試行事例

渓畔林のもつ緩衝帯や生態的回廊としての機能を発揮させるために、人工林化された渓畔域で造林木を部分的に除去し、徐々に自然林を再生する試験が行われている。主伐期を迎えたこの時期だからこそ、適正な森林配置に誘導することが望まれる。

5.3. どこでも再造林しないといけないのか？

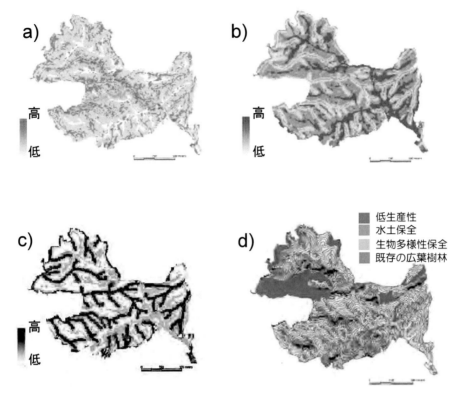

図 5-3-10　自然科学的立地評価に基づいて抽出した人工林施業撤退候補地の例
a) 木材生産性の評価結果、b) 表土安定性の評価結果、及び c) 潜在的な生物多様性の評価結果の重ね合わせにより、d) 人工林施業撤退候補地が抽出されている。どの評価に重きを置くかには、地域性の考慮が必要である。（伊藤ら、2013）

要請に応じて重みが異なるということである。したがって、実際にこの考え方を適用する上には、地域の林業継続の意思や社会的な要請を反映した閾値の設定が重要となる。

7．判断は支持されるのか？：合意形成と制度設計

自然科学的な提案を実行に移す際には常に合意形成が必要である。特に、民有林における再造林の是非は所有者の資産運用の方向性に直結する問題であるため、合意形成のプロセスが極めて重要となる。その意思決定支援情報を提示するという意味で、第5章1節及び2節の意味は大きい。

また、再造林や広葉樹林化は常に森林計画制度に沿って実行されなければならない。実際に再造林の意思決定を迫られる場面はおそらく個々の森林経営計画のレベルであろう。しかし、上位の計画である市町村森林整備計画や地域森林計画においても、地域の林業振興や自然林再生の要請等の実情に合わせた指針を明示し、フォレスターがこれを指導することが望まれる。その際、コスト面からの「可否」の判断が再造林実行の十分条件ではないということを念頭に置くことが、適正な森林配置を志向する上でとても重要であろう。

あとがき

　本書出版の経緯を振り返ってみます。その端緒は、農林水産技術会議事務局の"新たな農林水産政策を推進する実用技術開発事業"で、2009年4月から実施したスギ低コスト再造林に関わる研究プロジェクトでした。4年間のプロジェクトでの成果に「コンテナ苗を活用した伐採と造林の一貫作業システムの開発」がありました。本書出版の核でもあり、その開発の経緯をここに裏話的に紹介し"あとがき"にしたいと思います。

　私事で恐縮ですが、このプロジェクトが始まる2009年4月に森林総合研究所九州支所へ異動となりました。支所長として、またプロジェクトの研究総括として、当時考えていたのが、いかに研究成果を林業の現場、端的に言えば再造林の現場での技術革新につなぐことができるかでした。今振り返ってみると、その解は、九州森林管理局との連携・協働でした。当時、局長だった沖修司氏（元林野庁長官）の「九州から林業再生を！」の掛け声の下で、巨大な局組織と小さな研究支所の間で"コンテナ苗の季節別植栽試験"の協働が始まり、本邦初の"いつでも植栽可能なコンテナ苗"の実証成果に結びつきました。一方、プロジェクトメンバーの岡勝氏（現鹿児島大学農学部教授）のグループは鹿児島県曽於市で伐出機械を活用した地拵えやコンテナ苗運搬、いわゆる"一貫作業システム"が再造林コスト削減に有効であることを実証していました。これらの2つの実証成果が結びついて、初めて林業界に自信をもって情報発信できる科学的データに裏打ちされた「伐採と造林の一貫作業システム」が完成しました。蛇足ですが、今では林野庁の施策の中にしっかり位置づけされています。

　2013年3月、プロジェクト終了とともに、その研究メンバーを中心に、本書出版の話が持ち上がりました。爾来、6年の月日が流れました。その後も多くの再造林に関わる後継プロジェクトが実施されました。それらに参画していた方々にも執筆をお願いし、協力をいただいたおかげで、最新の情報がアップされたオールジャパン的なコンテンツとなりました。また、編集では、宮崎大学農学部伊藤哲教授、同平田令子講師、森林総合研究所山川博美主任研究員の全面的な支援を受け、ようやくここに発刊の運びとなった次第です。

　最後に、日本森林技術協会理事長の福田隆政氏には出版企画の段階から発刊に至るまで、数々の適切な助言をいただきました。ここに改めてお礼申し上げます。また、書籍の発行を快く引き受けていただいた日本林業調査会の辻潔社長にも心から感謝申し上げます。

　地域林業の再生・隆盛のために、次世代への循環林業の継承のためにも、主伐・再造林の推進が必要であり、そのためにも再造林の低コスト化技術の導入・高度化が不可欠です。本書が、皆様のこれからの林業を考える上での、現在の立ち位置の確認に、そして将来を俯瞰し低コスト化技術を実践していく参考になれば嬉しい限りです。

2019年8月

執筆者代表　中村松三

謝辞（研究資金）

　本書で執筆された章節・コラム・事例は、多くの研究資金の成果を取りまとめたものである。ここに各研究資金ごとに、本書における該当章節・コラム・事例を整理した。

農林水産技術会議事務局　新たな農林水産政策を推進する実用技術開発事業（2009～2012年度）
「スギ再造林の低コスト化を目的とした育林コスト予測手法及び適地診断システムの開発（21020）」
　第1章2節、第2章1節・事例1、第3章 事例8・事例11、第4章1節・2節・コラム4・事例15・事例18・事例19、第5章2節・3節

農林水産技術会議事務局　農林水産業・食品産業科学技術研究推進事業（発展融合ステージ）（2013～2015年度）
「東北地方の多雪環境に適した低コスト再造林システムの開発（25036B）」
　第3章事例7、第4章事例16・事例17、第5章1節

日本学術振興会　科学研究費補助金（基盤研究A）（2013～2017年度）
「渓畔林ネットワーク整備を基軸とした集水域森林管理手法の開発（25252029）」
　第5章3節

農業・食品産業技術総合研究機構 生物系特定産業技術研究支援センター　革新的技術緊急展開事業（うち産学の英知を結集した革新的な技術体系の確立）（2014～2015年度）
「コンテナ苗を活用した低コスト再造林技術の実証研究（14526789）」
　第2章 事例2・事例5・事例6、第3章2節・コラム2・コラム3・事例8・事例9・事例10・事例11・事例12・事例13、第4章1節・2節・事例15・事例19・事例20、第5章3節

国立研究開発法人森林研究・整備機構 森林総合研究所　交付金プロジェクト（2014～2016年度）
「ニホンジカ生息地におけるスギ・ヒノキ再造林手法の開発」
　第5章2節

日本学術振興会　科学研究費補助金（基盤研究C）（2014～2018年度）
「カラマツの天然更新を活用した革新的施業技術の確立（26450222）」
　第2章 事例2

農業・食品産業技術総合研究機構 生物系特定産業技術研究支援センター　革新的技術開発・緊急展開事業（うち地域戦略プロジェクト）（2016～2018年度）
「優良苗の安定供給と下刈り省力化による一貫作業システム体系の開発（16807924）」
　第3章2節・コラム1・コラム3・事例7、第4章2節・事例16・事例19

日本学術振興会　科学研究費補助金（挑戦的萌芽研究）（2016～2018年度）
「未発根カルス苗を用いたスギ挿し木再造林の超低コスト化への挑戦（16K14945）」
　第3章 事例12・事例13、第5章3節

引用文献

天野智将（2016）多雪地域における一貫作業システム．（東北地方の多雪環境に適した低コスト再造林システムの実用化に向けた研究成果集「ここまでやれる再造林の低コスト化ー東北地域の挑戦ー」．森林総合研究所東北支所）．pp. 14-15.

青森県（2015）青い森再造林推進プラン．

荒川　潔（1936）暖帶地方（九州）に於ける攀繞植物の被害に就て．日林誌 18：175-188.

Dobner, J.M., Trazzi, P.A., Higa, A.R. and Seitz, R.A.（2013）Effect of container size and planting method on growth of a nine-years-old Pinus teada stand. Scientia Forestalis 41：7-14.

遠藤利明（2007）コンテナ苗の技術について．山林 1478：60-68.

遠藤利明・佐々木達也・山田　健（2005）コンテナ苗育成における簡易な灌水管理法．55回日林関東支論．pp. 95-96.

藤本浩平・山﨑　真・渡辺直史・山﨑敏彦（2016）架線系一貫作業システムの実用化に向けてーコンテナ苗の架線による運搬・現地保管・植栽ー．森林技術 897：16-19.

福田達胤・松尾　亨・渡辺貞幸・木戸口佐織（2012）民国連携によるコンテナ苗の実証試験と普及．平成23年度森林・林業技術交流発表集（東北森林管理局）．pp. 113-117.

福本桂子・寺岡行雄・加治佐剛・萩野香澄・山下盛章・金城智之（2015a）3年下刈りと6年下刈りでのスギの成長と雑草木の侵入状況の比較．九州森林研究 68：43-46.

福本桂子・寺岡行雄・金城智之・山下盛章・加治佐剛・鵜川　信・芦原誠一・岡　勝（2015b）南九州における斜面位置の違いによる無下刈りスギ幼齢木と侵入広葉樹との競合．森林計画学会誌 49：43-49.

Grossnickle, S.C.（2012）Why seedlings survive: influence of plant attributes. New Forests 43：711-738.

郡上森づくり協同組合（2014）低コスト造林等導入事業．株式会社森林環境リアライズウェブサイト（www.f-realize.co.jp/zourin/index.cgi?field=3）．ファイル 37-3.pdf（2017年11月9日閲覧）

原　真司・松田　修・落合幸仁・飛田博順・宇都木玄（2016）近赤外光による選別および殺菌剤処理がスギおよびヒノキ種子の発芽率に及ぼす影響．日林誌 98：247-251.

原山尚徳・来田和人・今　博計・石塚　航・飛田博順・宇都木玄（2016）異なる時期に植栽したカラマツコンテナ苗の生存率、成長および生理生態特性．日林誌 98：158-166.

原山尚徳・津山幾太郎・倉本惠生・上村　章・北尾光俊・韓　慶民・山田　健・佐々木尚三（2018）雑草木による樹冠被圧がカラマツ植栽木の生残および初期成長に及ぼす影響．日林誌 100：158-164.

原山尚徳・上村　章・斎藤丈寛・髙橋祐二・宇都木玄（2014）カラマツ新植地における生分解性防草シートを用いた下草防除効果．北森研 62：33-36.

長谷川健一・川崎圭三（2003）ヒノキ人工林における下刈りの有無による成長の違いと広葉樹の侵入．中部森林研究 51：15-16.

長谷川健一・川崎圭三（2004）下刈りを省略したヒノキ植栽地の林分構造．中部森林研究 52：17-18.

長谷川健一・岡野哲朗・川崎圭三（2005）下刈り省略試験地のヒノキの成長．中部森林研究 53：19-21.

林　敬太・土井恭次（1969）植栽方法とスギ苗木の活着成長ー大植穴と深植の検討ー．林誌研報 223：91-103.

平岡裕一郎・重永英年・山川博美・岡村政則・千吉良治・藤澤義武（2013）下刈り省略とその後の除伐がスギ挿し木クローンの成長に及ぼす影響．日林誌 95：305-311.

Hirata, R., Ito, S., Araki, G.M., Mitsuda, Y. and Takagi, M.（2014）Growth recovery of young hinoki (Chamaecyparis obtusa) subsequent to late weeding. Journal of Forest Research 19：514-522.

平田令子・伊藤　哲・山川博美・重永英年・高木正博（2012）造林後5年間の下刈り省略がヒノキ苗の成長に与える影響．日林誌 94：135-141.

平田令子・大塚温子・伊藤　哲・髙木正博（2014）スギ挿し木コンテナ苗と裸苗の植栽後2年間の地上部成長と根系発達．日林誌 96：1-5.

櫃間　岳・八木橋勉・松尾　亨・中原健一・那須野俊・野口麻穂子・八木貴信・齋藤智之・柴田銃江（2015）東北地方におけるスギコンテナ苗と裸苗の成長．東北森林科学会誌 20：16-18.

北海道水産林務部（2014）低コスト施業の手引きー施業方法を見直してみませんかー．p. 7

星比呂志・倉本哲嗣（2009）九州地域におけるスギ低コスト林業に向けた林木育種の取り組み．林木の育種 232：22-23.

星比呂志・倉本哲嗣（2012）エリートツリーにより期待される施業の効率化．現代林業 555：31-35.

星比呂志・倉本哲嗣・平岡裕一郎（2013）今後のエリートツリーの活用による育種の推進．森林遺伝育種 2：132-135.

飯田佳子・山川博美・野宮治人・安部哲人・金谷整一・正木　隆（2017）4年生スギ人工林におけるスギの樹高と雑草木からの被圧に与える地形の影響．日林誌 99：105-110.

池本育利・鷹野孝司・酒井　敦（2015）事例14 冬下刈りの可能性をさぐる．（近畿・中国四国の省力再造林事例集．森林総合研究所四国支所（編））．pp. 32-33.

今村高広・宮島淳二（2018）一貫作業システムによる再造林の低コスト化の実証試験ー伐出機械を利用したコスト削減効果の実証試験ーコンテナ苗の植栽試験ー平成26年度～平成28年度（国補）．熊本県林業研究指導所研究報告 44：13-23.

猪俣雄太・伊藤崇之・鹿島　潤・山田　健・山口浩和・今富裕樹・簗生　規（2016）異なる植栽器具使用時のコンテナ苗の植栽能率．日林誌 98：223-226.

井上昭夫・岩神正朗・田淵隆一・川崎達郎・酒井武・竹内郁雄（1996）下刈りを省いた帯状更新地におけるスギ・ヒノキ下木の成長．高知大農学部演習林報告 23：1-10.

諫本信義・佐々木義則（1982）緩効性肥料の林地施用試験（Ⅱ）ーマルチとIBDU成型品の組み合わせについてー．日林九支研論 35：125-126.

石田敏之・中村博一（2015）スギ実生コンテナ苗の形質と植栽当年の地上部及び根系の成長．関東森林研究

66：179-182.

石井幸夫・冨岡甲子次・山路木曾男・千葉春美（1974）下刈りに関する研究（II）. 日林誌 56：97-101.

石川県農林総合研究センター林業試験場（2017）低コスト再造林の進め方. よくわかる石川の森林・林業技術 16.

伊藤 哲（2014a）試論 私はゾーニングをこう考える① 林業成立の可否と、その道標としてのゾーニング. 現代林業 578：42-47.

伊藤 哲（2014b）試論 私はゾーニングをこう考える② 森林計画制度と森林ゾーニングの現実的課題. 現代林業 579：42-48.

伊藤 哲（2016）低コスト再造林の全国展開に向けて－研究の現場から－. 山林 1585：2-11.

伊藤 哲（2018）第7章 保持林業と複層林施業.（保持林業 木を伐りながら生き物を守る. 柿澤宏昭・山浦悠一・栗山浩一 編）. 築地書館. 東京. pp. 208-248.

伊藤 哲・木崎巧治・光田 靖・平田令子・山川博美・三枝直樹（2013）木材生産性、土砂流出リスク及び渓畔林保全を考慮した自然林再生のための小集水域ゾーニング. 景観生態学 18（2）：139-147.

伊藤 哲・光田 靖（2007）第2節 景観管理（機能区分と適正配置）.（22世紀を展望する森林施業－その思想、理論そして実践－. 森林施業研究会編）. 日本林業調査会. 東京. pp. 62-71.

伊藤 哲・新保優美・平田令子・溝口拓朗（2019）異なる潅水条件下で夏季植栽したスギ挿し木コンテナ苗および裸苗の活着とその要因. 日林誌 101：印刷中.

伊藤武治・山田容三（2001）下刈り時期の変更による労働負担軽減度と雑草木抑制効果の解析. 日林誌 83：191-196.

岩井有加・大塚和美・長谷川尚史（2012）スギコンテナ苗の形態的特徴と植栽後の成長. 現代林業 551：40-44.

岩田若奈（2015）スギコンテナ苗の植栽功程と植栽1年後の成長. 島根県中山間地域研究センター研究報告 11：39-44.

岩手県農林水産部森林整備課（2014）岩手県低コスト再造林事例集.

壁谷大介・宇都木玄・来田和人・小倉 晃・渡辺直史・藤本浩平・山崎 真・屋代忠幸・梶本卓也・田中 浩（2016）複数試験地データからみたコンテナ苗の植栽後の活着及び成長特性. 日林誌 98：214-222.

角田真一・原 真司（2016）コンテナ苗の大量生産技術.（コンテナ苗を活用した主伐・再造林技術の新たな展開～実証研究の現場から～. 森林総合研究所）. pp. 14-15.

Kamada, K. (2005) Hierarchically structured approach for restoring natural forest: trial in Tokushima Prefecture, Shikoku, Japan, Landscape and Ecological Engineering 1：61-70.

上床眞哉（2006）既設試験地調査 省力・低コストな森林造成技術の開発. 鹿児島県林業試験場業務報告 54：2-3.

Kamo, K., Jamalung, L. and Mohammad, A. (2005) Growth and biomass of Acacia mangium Willd. Stands planted as bare-root and container seedlings. JARQ 39：299-305.

金澤 巖（2012）コンテナ苗木生産と低コスト造林. 現代林業 555：26-30.

鹿又秀聡（2016）コンテナ苗の普及に向けた課題と提案.（コンテナ苗を活用した主伐・再造林技術の新たな展開～実証研究の現場から～. 森林総合研究所）. pp. 26-27.

苅住 昇（1979）樹木根系図説. 誠文堂新光社. 東京.

金城智之・寺岡行雄・芦原誠一・井倉洋二・浦めぐみ（2012a）鹿児島大学高隈演習林16林班における下刈り試験地測定資料（2006～2011年）. 鹿大演研報 39（別冊）：1-82.

金城智之・寺岡行雄・芦原誠一・井倉洋二・山川博美（2012b）下刈り実施年数の違いにおける植栽木の成長. 九州森林研究 65：24-27.

金城智之・寺岡行雄・芦原誠一・竹内郁雄・井倉洋二（2011a）下刈り実施パターンの違いが植栽木に及ぼす影響. 九州森林研究 64：56-59.

金城智之・寺岡行雄・芦原誠一・竹内郁雄・井倉洋二・浦めぐみ（2011b）下刈り実施パターンの違いによる下刈り作業功程. 鹿大演研報 38：7-11.

北原文章・渡辺直史・光田 靖・山川博美・酒井 敦・垂水亜紀（2013）スギ植栽木の成長と下刈り対象木の競合状態との関係. 森林応用研究 22：1-6.

熊本営林局（1962）肥培林業の経営における経済効果の試験調査.

熊本営林局（1964）下刈り事業の適期について. 造林技術研究発表集録（昭和38年度）. pp. 115-118.

熊本営林局（1969）15. スギの品種別成長試験と保育作業の省力について. 造林技術研究発表集録（昭和43年度）. pp. 76-81.

熊本営林局（1970a）4. マット造林について. 第1回林業技術発表収録（昭和44年度）. pp. 15-23.

熊本営林局（1970b）10. 大苗植栽に対する施肥効果と下刈り省力効果について. 第1回林業技術研究発表収録（昭和44年度）. pp. 43-46.

熊本営林局（1981）大苗植栽による保育作業の省力化実験について. 第12回技術研究発表収録（昭和55年度）. pp. 40-45.

熊本営林局（1983）造林初期管理の省力法についての考察（第1報）. 第9回業務研究発表集録. pp. 32-42.

熊本営林局（1992）無下刈試験地における造林木の成長状況について. 第23回業務研究発表集録. pp. 36-40.

熊瀬川忠夫（1968）フジスギとイワオスギの関係、および両者の2、3の形質について. 日林九支研論 22：98-100.

日下部兼道（1958）熊本営林局管内国有林における林地施肥の成績について. 日林九支研論 11：13-14.

Landhaeusser, S.M. and Lieffers, V.J. (2012) Defoliation increases risk of carbon starvation in root system of mature aspen. Trees 26：653-661.

MA (2005) Ecosystems and human well-being, current state and trends, Findings of the Condition and Trends Working Group. Millenium Ecosystem Assesment, Global Assessment Reports. Island Press, Washington D.C., USA, vol. 1.

真部辰夫（1969）林業分野における雑草防除の現況. 雑草研究 9：5-10.

正木 隆（2017）生態学の立場からみた主伐と再造林. 山林 1596：2-10.

Matsuda O, Hara M, Tobita H, Yazaki K, Nakagawa T, Shimizu K, Uemura A, Utsugi H, (2015) Determination of seed soundness in conifers *Cryptomeria japonica* and *Chamaecyparis obtusa* using narrow-multiband spectral imaging in the short-warelength infrared range. PLOSONE: e0128358

松本和馬・小谷英司・駒木貴彰（2015）東北地方におけ

る低コスト再造林の実用化と課題．東北森林科学会誌 20（1）：1-15．

三重野裕通（2017）再造林のデザインを考える．森林技術 907：26-30．

光田　靖・伊藤　哲・家原敏郎（2013）モントリオール・プロセスの枠組みに対応した広域スケールにおける森林の再配置手法の検討．景観生態学 18（2）：123-

三樹陽一郎（2011）新たな育苗コンテナ「Ｍスターコンテナ」の開発．公立林業試験研究機関研究成果選集 8：47-48．

Mori, H., Kamijo, T. and Masaki, T. (2016) Liana distribution and community structure in an old-growth temperate forest: The relative importance of past disturbances, host trees, and microsite characteristics. Plant Ecology 217：1171-1182.

中村太士（2004）森林機能論の史的考察と施業技術の展望．森林技術 753：2-6．

中村博一（2016）スギ実生コンテナ苗及び２年生裸苗の植栽２年後における成長評価．関東森林研究 67：89-92．

中村人史・渡部公一・吉崎　明・上野　満（2016）ワラビを利用した再生植生の抑制．(東北地方の多雪環境に適した低コスト再造林システムの実用化に向けた研究成果集「ここまでやれる再造林の低コスト化ー東北地域の挑戦ー」．森林総合研究所東北支所）．pp. 22-23．

中西敦史（2012）低コスト森林造成に関する研究．愛知県森林・林業技術センター報告 49：1-10．

成松眞樹・八木貴信・野口麻穂子（2016）カラマツコンテナ苗の植栽時期が植栽後の活着と成長に及ぼす影響．日本森林学会誌 98：167-175．

野口麻穂子（2017）カラマツ下刈り省略の注意点―植栽初期に十分な下刈りを―．岩手の林業 711：6-7．

野宮治人（2012）スギ苗植栽後３年間の枯損と誤伐について．森林総合研究所九州支所年報 24：11．

野宮治人・山川博美・香山雅純・荒木眞岳・金谷整一・安部哲人・重永英年（2016）下刈省略による再生植生タイプとスギ植栽木の初期成長への影響．九州森林研究 69：103-105．

農林水産省（1999）平成 8 年度林家経済調査育林費報告書．

農林水産省（2015）林業経営統計調査．農林水産省ウェブサイト（http://www.maff.go.jp/j/tokei/kouhyou/rinkei/）2017 年 11 月 2 日閲覧）

帯広営林支局（1979）カラマツ林の施業．

小川晴雄（1974）系統配置によるオビスギの密度試験．暖帯林 340：20-25．

岡　勝（2014）低コスト化に向けた一貫作業システムの構築に向けて―伐出から地拵え、植栽まで―．山林 1562：35-44．

岡　勝・佐々木達也・中澤昌彦・山田　健・落合幸仁・今冨裕樹（2012）伐出との連携による地拵え・コンテナ苗植栽の一貫作業道システムの評価．第 123 回日本森林学会大会学術講演集 E14．

岡　勝・佐々木達也・中澤昌彦・吉田智佳史・山田　健・落合幸仁・今冨裕樹・山口浩和（2011）伐出との連携による地拵え作業の軽減効果．第 122 回日本森林学会大会学術講演集 Pb1-87．

大分県（2013）次世代の大分森林（もり）づくりビジョン http://www.pref.oita.jp/uploaded/attachment/180417.pdf　2017 年 9 月 15 日閲覧

大阪営林局（1989）ヒノキ造林地の下刈方法（第 3 報）．昭和 63 年度業務研究発表録．pp. 6-10．

大住克博（2016）最近の施業技術はこう考えてみよう（第 4 回）　皆伐：目的を明らかに．ぐりーんらいふ 137：4-6．

太田猛彦（2012）森林飽和－国土の変貌を考える（NHK ブックス No.1193）．NHK 出版会．東京．

大矢信次郎・斎藤仁志・城田徹央・大塚　大・宮崎隆幸・柳澤信行・小林直樹（2016）長野県の緩傾斜地における車両系伐出作業システムによる伐採・造林一貫作業の生産性．日林誌 98：233-240．

Óskarssona, Ú. and Ottóssona, J.G. (1989) Plantation establishment success of Pinus contorta dougl. Ex loud and Larix sibirica (Munchh.) Ledeb. Using various methods and stock. Scand. J. For. Res. 5:205-214.

Pint, J.R., Marshall, J.D., Kasten Dumroese, R., Davis, A.S., Cobos, D.R. (2011) Establishment and growth of container seedlings for reforestation: A function of stocktype and edaphic conditions. For. Ecol. Manage. 261：1876–1884.

林業試験場土壌調査部（1967）林地肥培体系の確立に関する研究．昭和 41 年度国有林野事業特別会計林業試験（調査）成績報告書．

林野庁（2009）平成 20 年度低コスト新育苗・造林技術開発事業報告書．

林野庁（2015）平成 27 年度版森林・林業白書．全国林業改良普及協会．

林野庁（2016）平成 27 年度低コスト造林技術実証・導入促進事業報告書．

林野庁（2017a）平成 28 年度森林・林業白書．

林野庁（2017b）平成 28 年度低密度植栽技術の導入に向けた調査委託事業報告書．pp. 155-163．

林野庁（2018a）低コスト造林技術実証・導入促進事業．低コスト造林技術の導入に向けて．

林野庁（2018b）伐採作業と造林作業の連携等の促進について．29 林整整第 977

林野庁研究・保全課（2010）林業種苗の概要．

林野庁整備課（2017）林業種苗の概要．

Rose, R., and Haase, D.L. (2005) Root and shoot allometry of bareroot and container Douglas-fir seedlings. New Forest 30：215-233.

齋藤英樹・髙橋正義・鹿又秀聡・北原文章・光田　靖（2013）再造林適地を抽出する．低コスト再造林の実用化に向けた研究成果集．pp. 40-41．

堺　正紘（1997）林家の経営マインドの後退と森林資源政策の再編（1）：人工林の施業放棄について．九大演報 76：25-38．

堺　正紘（2000）再造林放棄問題の広がり－立木代ゼロに呻吟するスギ林業－～望まれる森林資源管理の社会化～．山林 1390：27-33．

作山　健（1974）くもの巣病に対するバリダシンの防除効果．岩手県林業試験場成果報告 6：27-30．

佐藤宜子（2016）森林の若返り論から考える日本の林業．學士會会報 921：97-101．

Scagel, R.; Bowden, R.; Madill,; M. Kooistra, C. (1993) Provincial seedling stock type selection and ordering guidelines. Victoria, BC: British Columbia Ministry of Forests, Silviculture Branch. 75p.

重永英年・山川博美（2013）伐採跡地への枝条散布が地温ならびに木本植物の再生に及ぼす影響．九州森林研究 66：57-59．

重永英年・山川博美・荒木眞岳（2013）モデルから考える下刈り回数とスギの成長．（低コスト再造林の実用化

に向けた研究成果集．中村松三・今冨裕樹・重永英年・鹿又秀聡・山川博美 編，森林総合研究所）．pp. 30-31.

重永英年・山川博美・野宮治人（2016）人工林皆伐後2年目の林地における下刈り後のアカメガシワの生残と成長．九州森林研究 69：41-45.

島田博匡（2010）単木獣害防護資材を設置したヒノキ幼齢造林地におけるシカ採食の下刈り効果．森林防疫 59：13-19.

清水敏治（1967）草生造林の進め方—木と草と—．農林出版．東京．

下山晴平・石神智生（2017）オビスギ密度試験地40年の成果．フォレストコンサル 147：49-63.

下園寿秋（2010）下刈り省力したスギ植栽試験地における広葉樹・タケ類の成長．九州森林研究 63：64-67.

下園寿秋・上床眞哉・大迫 恵（2009）下刈り省力によるスギ成長試験．九州森林研究 62：80-83.

新保優美・平田令子・溝口拓朗・髙木正博・伊藤哲（2016）スギコンテナ苗は夏季植栽で本当に有利か？　日本森林学会誌 98：151-157.

森林総合研究所（2013）低コスト再造林の実用化に向けた研究成果集．

白井一則・竹内 豊・手塚 朗・熊川忠芳（2003）低コスト森林造成に関する研究．愛知県森林・林業技術センター報告 40：1-10.

城田徹央・松山智矢・大塚 大・齋藤仁志・岡野哲郎・大矢信次郎（2016a）長野県北部におけるスギコンテナ苗の活着と初期成長．日林誌 98：227-232.

城田徹央・松山智矢・大矢信次郎・岡野哲郎・大塚 大・齋藤仁志・宇都木玄・壁谷大介（2016b）東信地方におけるカラマツコンテナ苗の活着と初期成長．信州大学農学部 AFC 報告．14：13-21.

South, D.B. and Barnett, J.P.（1986）Herbicides and planting date affect early performance of container-grown and bare-root loblolly pine seedlings in Alabama. New Forests1：17-27.

杉原由加子・丹下健（2016）8月下旬に植栽したスギコンテナ苗の植栽当初の蒸散速度と成長．森林立地 58：25-28.

諏訪錬平・奥田史郎・山下直子・大原偉樹・奥田裕規・池田則男・細川博之（2016）植栽時期の異なるヒノキコンテナ苗の活着と成長．日林誌 98：176-179.

鈴木和次郎（1984）ヒノキ造林地におけるつる植物と被害．林業試験場研究報告 328：145-155.

鈴木和次郎（1989）ヒノキ造林地における植栽木のつる被害とその発生機構．日林誌 71：395-404.

鈴木和次郎（2001）聖域なき構造改革時代の極私的森林施業論．林業技術 715：2-6.

瀧井忠人・萩原 進（2008）「和歌山県の環境林」整備手法開発〜初期投資省略による造林手法の確立〜．和歌山県農林水技セ研報 9：61-72.

丹下 健・鈴木祐紀・八木久義・佐々木惠彦・南方 康（1993）雑草木の刈り払い方法が植栽木の成長に与える影響．日林誌 75：416-423.

谷本丈夫（1980）林業における雑草木の防除に関する研究の展開（Ⅰ）：戦前期の研究概要と問題点．雑草研究 25：79-87.

谷本丈夫（1982）造林地における下刈、除伐、つる切りに関する基礎的研究（第1報）スギ幼齢造林地におけるスギと雑草木の生長．林業試験場研究報告 320：53-121.

谷本丈夫（1983）造林地における下刈、除伐、つる切りに関する基礎的研究（第2報）スギ幼齢木の生長と雑草木との相互関係の解析とその応用．林業試験場研究報告 324：55-79.

田代慶彦（2013）スギ造林地における大苗・普通苗による下刈り省力試験比較．(低コスト造林・育林技術最前線．全国林業改良普及協会編）全国林業改良普及協会．東京．pp. 80-91.

The Container Tree Nursery Manual（1995）Volume 1 - Nursery Planning, Development, and Management. USDA Forest Service and Southern Regional Extension Forestry.

Thompson, B.E.（1984）Seedling morphological evaliation- what you can tell by looking. In: Proceedings: Evaluating Seedling Quality: Principles Procedures, and Predictive Abilities of Major Tests, Duryea ML (ed) Oregon state University, pp. 59-71.

Tinus, R.（1974）Characteristics seedling with high survival potential. Proceeding of North American containerized forest tree seedling symposium, pp. 276-282.

飛田博順・山下直子・宇都木玄・奥田史郎・Lei Thomas・矢崎健一・梶本卓也（2017）キャビティー容量の異なるスギコンテナ苗の灌水停止後の水ポテンシャルの変化．第128回日本森林学会講演要旨集．p. 247.

外舘聖八朗（2016）機械地拵えと低密度植栽によるコスト削減効果．東北地方の多雪環境に適した低コスト再造林システムの実用化に向けた研究成果集—ここまでやれる再造林の低コスト化　東北地域の挑戦—．森林総合研究所．pp. 12-13.

冨永 茂（2014）みどりの国土強靭化に不可欠な苗木を考える—スギ根系の観察（コンテナ苗と普通苗の比較）—．山林 1561：27-35.

鳥海晴夫（2003）6. 地域林業の多角化に関する研究（1）林業経営の現状と林家の意識．平成13年（2001年）度版東京都林業試験場年報．pp. 13-18.

鳥取県（2004）鳥取県林業試験場業務報告（平成15年度）．pp. 10-11.

豊岡 洪・横山喜作・菅原セツ子（1977）造林地におけるつる植物の被害と防除について．林業試験場研究報告 296：19-32.

鶴崎 幸・佐々木重行・重永英年・山川博美（2016）下刈りがスギ幼齢木と雑草木の成長に及ぼす影響．九州森林研究 69：99-102.

津山幾太郎・来田和人・原山尚徳（2018）北海道におけるコンテナ苗の有効性を検証する〜植栽後の活着率と成長量から〜．北方森林研究 66：69-72.

右近健一朗・竹内侑雄（2011）九州南部における下刈りの実態—雑草木再生と誤伐について．九州森林研究 64：39-41.

U.S. Forest Service, Index of Species Information.
https://www.fs.fed.us/database/feis/plants/tree/picabi/all.html#42

宇都木玄（2016）オーストリアにおけるコンテナ苗生産の動向．海外の森林と林業 97：48-53.

渡邉仁志・三村晴彦・茂木靖和・千村知博（2017a）植栽時期がヒノキ・コンテナ苗の活着と植栽後2年間の成長に及ぼす影響．岐阜県森林研究所研究報告 46：1-5.

渡邉仁志・茂木靖和（2012）スギの初期成長に及ぼす立地と施肥の影響、および省力造林の可能性．岐阜県森林研報 41：1-6.

渡邉仁志・茂木靖和・三村晴彦・千村知博（2017b）ヒノキにおける実生裸苗と緩効性肥料を用いて育成した実生

コンテナ苗の初期成長．日林誌 99：145-149.

渡邉仁志・臼田寿生・茂木靖和（2013）ヒノキ2年生コンテナ苗の植栽功程と初期生存率．岐阜県森林研究報告 42：19-24.

渡辺直史・北原文章・酒井 敦（2015a）事例17 大苗低密度植栽，下刈り省力でコスト減（1）森林総合研究所四国支所（編）．近畿・中国四国の省力再造林事例集．pp. 39-40.

渡辺直史・北原文章・酒井 敦（2015b）事例18 大苗低密度植栽，下刈り省力でコスト減（2）森林総合研究所四国支所（編）．近畿・中国四国の省力再造林事例集．pp. 40-41.

渡辺直史・北原文章・酒井 敦（2015c）事例19 大苗低密度植栽，下刈り省力でコスト減（3）森林総合研究所四国支所（編）．近畿・中国四国の省力再造林事例集．pp. 42-43.

八木橋勉・中谷友樹・中原健一・那須野俊・櫃間 岳・野口麻穂子・八木貴信・齋藤智之・松本和馬・山田 健・落合幸仁（2016）スギコンテナ苗と裸苗の成長と形状比の関係．日林誌 98：139-145.

山田康裕（2006）施業放棄されたヒノキ人工林における成林状況と斜面位置との関係．九州森林研究 59：158-159.

山川博美（2016）スギ・ヒノキの植栽で利用が始まったコンテナ苗．BIO 九州 217：14-18.

山川博美（2017）再造林における下刈り省力化の可能性．山林 1598：58-66.

山川博美・伊藤 哲・平田令子（2016a）スギ低コスト再造林の先進地九州における下刈り省略研究の動向─第71回九州森林学会大会造林部門 下刈りセッションの記録─．森林科学 77：47-49.

Yamagawa, H., Ito, S., Hosaka, T., Yoshida, S., Nakao, T. and Shimizu, O. (2015) Effect of pre-logging stand type and harvesting roads on the densities of advanced-regenerated and postharvest germinated tree seedlings after clear-cutting of hinoki cypress (*Chamaecyparis obtusa*) in Yoshinogari, Kyushu, Japan. Journal of Forest Research 20：236-243.

Yamagawa, H., Ito, S.and Nakao, T. (2010) Restoration of semi-natural forest after clearcutting of conifer plantations in Japan. Landscape and Ecological Engineering 6：109-117.

山川博美・重永英年（2013）コンテナ苗はいつでも植栽可能か？．低コスト再造林の実用化に向けた研究成果集．pp. 18-19.

山川博美・重永英年（2014）つるに巻かれて曲がったスギ植栽木の幹曲りは回復するか？．森林総合研究所九州支所年報 26：10-11.

山川博美・重永英年・荒木眞岳・野宮治人（2016b）スギ植栽木の樹高成長に及ぼす期首サイズと周辺雑草木の影響．日林誌 98：241-246.

山川博美・重永英年・久保幸治・中村松三（2013）植栽時期の違いがスギコンテナ苗の植栽後1年目の活着と成長に及ぼす影響．日林誌 95：214-219.

山本道裕・野末尚希（2016）急傾斜地における架線系高性能林業機械を活用した一貫作業システム実証試験の成果について．森林技術 897：12-15.

Yamashita, N., Okuda, S., Suwa, R., Lei, T.T., Tobita, H., Utsugi, H. and Kajimoto, T. (2016) Impact of leaf removal on initial survival and growth of container-grown and bare-root seedlings of Hinoki cypress (*Chamaecyparis obtusa*). For. Ecol. and Manage. 370：76-82.

山下直子・飛田博順・宇都木玄・奥田史郎・Lei Thomas・矢崎健一・梶本卓也（2017）ヒノキコンテナ苗における灌水停止後の水ポテンシャルの変化 ─キャビティ容量150ccと300ccの比較─．第128回日本森林学会講演要旨集．p. 247.

山内仁人・古川 仁・竹内玉来・片倉正行・小山泰弘（2006）木材チップの分解速度と植生制御効果─林内散布等の木材チップが森林環境に与える影響調査─．長野県林総セ研報 21：11-17.

山内健雄（1976）ポット育苗とその造林の健全な発展を願って 林業に明るい未来をもたらすもの．林業技術 417：20-24.

山﨑敏彦（2013）大規模搬出間伐システム H型架線集材：森のUFOキャッチャー．森林技術 854：14-18.

矢野進治（1986）ポット造林に関する研究（Ⅹ）─スギポット造林に関する研究─．兵庫県林試研報 31：12-17.

横山誠二・佐々木尚三（2013）コンテナ苗植栽試験について～北海道でのコンテナ苗生長状況～．北森研 61：101-104.

吉田 勇（1973）日本における林地肥培．森林と肥培 75：4-7.

吉田茂二郎（2009）再造林放棄について─その実態を自然科学的に解明する試みを終えて─．山林 1503：2-10.

吉田茂二郎（2012）将来の需要を見据えた再造林を考える─九州地方における再造林放棄地の状況と森林資源モニタリング調査の結果から．森林技術 847：2-7.

吉村 洋（2015）苗木の安定供給に向けて．森林技術 884：17-21.

全国山林種苗協同組合連合会（2010）コンテナ苗の取り組みの現状と課題について．緑化と苗木 151：3-7.

索引

あ
アカメガシワ......98,101,103,107,111,112,118,120,121,122

い
一粒播種......77
陰葉化......118,119

え
H型架線......53
SLA......119
Mスターコンテナ......58,59
エリートツリー......96,109,135
エンジニアードウッド......129
エンドレスタイラー式......53

お
大穴植栽......96
大苗......23,70,89,91,96,97,107,110,112,130,133,135
飫肥スギ......129
飫肥林業（地）......131,134

か
拡大造林（地、時代）......15,16,17,19,23,60,61,94,101,120,146,147,148
隔年下刈り......101,106,107,112,113,133
撹乱......149
架線系......28,32,36,38,50,141,142
カバークロップ（効果）......131,132,133
カラスザンショウ......98,103,107,111,118,120
刈払機......27,94
簡易架線......26
灌水......57,64,84,85
乾燥耐性......66
乾燥防止策......53

き
キイチゴ......101
機械地拵え......21,28,38,40,42,44,45,49,127,128
基盤サービス......145,146,148,149,151
供給サービス......145,146,149,151
競合関係......73,74,101,105,106,122,123
競合状態......96,103,104,107,108,112,113,120,121
胸高断面積合計（TBA）......111
共用（Land sharing）......151

く
空気根切り......59,68,79,86
クサギ......121
くもの巣苗......107
グラップル（ローダ、機能）......28,29,30,31,32,34,36,42,43,44,46,48,49,74,127,128
鍬......32

け
経営規模......39
形状比......64,65,66,70,74,79,80,81,86,112,119,130,133,134
渓畔林......142,151
現地保管......38,52,53

こ
公益的機能......142,145,146,148
航空機LiDAR......142
高茎草本......102
高性能林業機械......19,20,21,27,32,34,39,46,51
工程管理......40
広葉樹林化......34,150,153
小型ウインチ......32
小型運材車......26
国土数値情報......142
ココナツハスク......22,57,59,61,62,76,90,91
誤伐......106,107,113,115
混合契約......35
混交林（化）......23,34

さ
災害......26
再造林コスト......19,20,34,35,45,74,94,126
再造林放棄地......16,17,135
栽培契約......40
栽培工程......64
作業日報......49
作業能率......26,31,32,43
ササ......102,116
挿し木（コンテナ苗）......56,58,66,67,70,80,84,86,88,90,96,110,137

し
シカ被害......135,139
事前協議......40
自走式搬器......26,50
下刈りスケジュール......105,106,107,108,120

斜面傾斜度	141
車両系	22,28,29,36,38,43,44,141,142
収益性	19,20,34,136,137,149
獣害対策資材	52
収穫表	138
集材規模	30,32
集材距離	30,31,50
樹冠投影面積	118,119
樹冠幅	105,118,122
樹冠被覆率	121
出荷時期	40,64
常緑広葉樹	101,106,118,120,139,140
初期保育（経費、コスト）	19,65,94,96,150
植栽器具	32,51,73
植栽効率	22,51,73,129,132
除草剤	131,132,133
除伐	27,81,96,97,98,105,109,119
人力運搬	42,51,53,72
森林施業プランナー	142
森林総合監理士	143
森林・林業基本計画	19,34,35
森林・林業再生プラン	19,34

す
垂下根	87
スイングヤーダ	29,31,32
末木枝条	20,32,38,42,43
筋置き	42
筋刈り	95,131
ススキ	22,101,103,114
スペード	32,73
スリット（タイプ、付き）	59,68,73

せ
精英樹	109,110,135
生態系サービス	144,145,146,147,148,149,151
成長回復	109,118,119
生物多様性（保全機能）	23,145,146,150,151,152
雪害	106,114,115
節約（Land sparing）	151
全刈り	131
全幹集材	38
先駆性高木種	111
浅根性	67,68,75
前生樹	101,102

全木集材	32,38,43,49,51

そ
早生型品種	96
草生造林	97
造林未済地	17
造林面積	16,60,97,100,133
ゾーニング	142
素材生産（業者、コスト、費）	19,20,21,34,137

た
耐乾性	67,84,85
台風被害	96
多面的機能	23,145
タワーヤーダ	26,29,32,50,51
単木防護資材	97

ち
地位	23,101,108,122,123,138,139,140,141,142,150,151
地形	22,29,39,50,53,80,81,95,108,115,126,128
治山造林	146
中苗	91,107,130,135
調整サービス	145
長伐期化	34,147,148
長伐期施業	147
直根性	67,75
地利	23,138,139,142,150,151
地理情報システム	138

つ
坪刈り	95,131
ツル	98,113

て
ディアライン	135
T/R比	66,67
ディブル	32,51,73
低密度植栽	107,111,129,131,134,136
適地	138,141,150
摘葉処理	66
天然更新	23

と
投下労働量	28
唐鍬	51,73
透水性	90
特定母樹	107,109,135

得苗率	76
床替え	56,57,76
土壌水分（量）	69,85,88,89
徒長	64,78,79,83
土場	28,32,38,50,51
ドローン	143

な
苗木運搬	27,31,32,40,42,44,45,50,51
並材	129,137

に
担い手	151

ね
根切り	56,59,69,90
根巻き	58,59,61,86

は
ハードニング	67
ハーベスタ	26,29,30,36,46,48,49,50
バイオマス（原料、発電）	14,38,51
裸苗	56
発芽率	77

ひ
被圧	22,79,95,97,98,103,105,108,109,110,114,115,117,118,119,122,139
比較苗高	70,79,82,83
光環境	119
標準単価表	113,128,129,131
品種	96,108,109

ふ
フォワーダ	26,28,29,30,31,32,42,44,45,46,72
複粒播種	77
不成績造林地	148,150
冬下刈り	95
プランティングショック	135
プランティングチューブ	32,73,74
プロセッサ	26,28,29,32,42,43
文化サービス	145

ほ
萌芽（力、株）	23,39,95,96,101,102,118,121
法正林	15,147
防鹿柵	38
補助金（申請）	41
保水性（能）	90,91
保続	14,145
ポット大苗	96
ポット苗	58,61,62,86,91,97

ま
埋土種子	23,101,103,123
マルチキャビティコンテナ	56,57,71,82,86
マルチング	95

み
水ポテンシャル	66,84,90,91
密着造林（地）	96,98

む
無下刈り（区）	96,97,98,105,106,109,110,111,112,135

も
木材自給率	14,19
モミ殻	61

ゆ
UAV	143

よ
容易有効生育水分量	90
腰部負担軽減	32
吉野林業	134

ら
ランドスケープ	151

り
立地環境	80,108
リブ	57,59,86
立木販売（収入）	19,35
林業従事者	100
林業労働力	94,99
林種転換	16,146
林地肥培	96
林内自由走行（作業）	29,30

る
ルーピング	58

れ
齢級構成	15,19,147,148

ろ
労賃	94
労働生産性	34,44,46,47,128
労働投入量	22,46,47
労働費	127

労働負荷	51,57
労働負担	26,32,42,100
老齢過熟	148
露地栽培	22,56,57,71,76
路網整備	26,34
路網密度	38,128
ロングリーチグラップル	34,74

執筆者紹介

新井 隆介（あらい りゅうすけ）
岩手県林業技術センター 研究部・主査専門研究員。博士（農学）。専門は保全生態学。大学院では草原性動植物を保全するための植生管理を研究したが、現在の職場では育林分野を担当。草原を保全するための草刈りは削減できないが、下刈りは削減できる！
本書の担当部分：第4章事例17

伊藤 哲（いとう さとし）
宮崎大学 農学部 森林緑地環境科学科・教授。博士（農学）。専門は造林・森林生態だが、現在は森林ゾーニングから表土保全まで、森林管理にまつわる研究を見境なく進めている。近年の著作は「保持林業 ―木を伐りながら生き物を守る―」（築地書館）など。
本書の担当部分：第3章事例11・事例12・事例13、第5章3節

今冨 裕樹（いまとみ ゆうき）
東京農業大学 地域環境科学部・教授。博士（農学）。専門は森林利用学。林業生産の効率向上、森林作業の省力化、労働安全の向上等に関する研究に従事。近年は木質バイオマスの効率的な収集・搬出システムの開発、再造林の低コスト化に関する研究に取り組んでいる。
本書の担当部分：第2章1節、第2章2節、第2章事例1

内村 慶彦（うちむら よしひこ）旧姓：田代（たしろ）
鹿児島県森林技術総合センター・主任研究員。博士（農学）。専門は造林学・森林生態学。学生時代はマレーシア熱帯雨林で有機物分解を研究。鹿児島県に就職してからは森林施業に関する研究業務や林務行政等に従事している。
本書の担当部分：第4章事例14

宇都木 玄（うつぎ はじめ）
森林総合研究所 研究ディレクター（林業生産技術研究担当）。博士（農学）。専門は森林生産生態学・造林学。理学部出身でニホンザルの生態から光合成と葉傾角の関係まで幅広く研究をしてきた。造林学は応用研究であるため、これまで培ってきた基礎的研究手法を利用して、「やればできる林業技術のブレークスルー」に挑む。
本書の担当部分：第3章2節、第3章コラム1・コラム3

大矢 信次郎（おおや しんじろう）
長野県林業総合センター 育林部・主任研究員。専門は造林学・森林利用学。人工林の施業、特に再造林（地ごしらえから植栽、下刈り、除伐等）作業を効率化しコストを低減することにより、長野県産材・国産材の競争力を高めることを目標として研究を進めている。
本書の担当部分：第2章事例2

岡 勝（おか まさる）
鹿児島大学 農学部 附属演習林・教授。博士（農学）。専門は森林利用学で、林業機械の性能評価、林業機械の耐用時間の解明、伐出システムの改善と生産性の評価、機械走行に伴う林地かく乱の影響評価、一貫作業システムの技術的課題等の研究を進めている。
本書の担当部分：第2章1節、第2章事例1

北原　文章（きたはら　ふみあき）
森林総合研究所 四国支所 流域森林保全研究グループ・主任研究員。博士（農学）。専門は森林計画学で、主に国家森林資源調査（NFI）の研究を行っている。四国では再造林やバイオマス関係の課題に携わり、現在に至る。
本書の担当部分：第4章事例15、第5章2節

駒木　貴彰（こまき　たかあき）
森林総合研究所東北支所・研究専門員。農学博士。専門は林業経済学で、森林所有者の林業経営に対する意向調査や林業の収益性分析等に取り組んできた。現在は、再造林放棄地問題を解決する糸口としての再造林コスト低減技術の開発等に取り組んでいる。
本書の担当部分：第5章1節

重永　英年（しげなが　ひでとし）
森林総合研究所 植物生態研究領域長。博士（理学）。専門は造林・森林生態生理。スギ人工林を愛す。再造林関連の研究を進めた九州支所時代、現場と接するなかで林業のおもしろさと大変さを痛感。その後、霞ヶ関（林野庁）での貴重な行政経験を得て現職。
本書の担当部分：第4章1節

鶴崎　幸（つるさき　ゆき）
福岡県農林業総合試験場 資源活用研究センター 森林林業部・主任技師。修士（農学）。県の林業職として森林管理に関する研究に携わっている。今は、下刈り終了の判断・地位指数推定・九州北部豪雨災害分析に関する研究の担当。
本書の担当部分：第4章事例20

長岐　昭彦（ながき　あきひこ）
秋田県林業研究研修センター　環境経営部・上席研究員。専門は森林保護学。研究対象は動物や昆虫で、昼夜作業、クマとの遭遇などには慣れていたが、本課題では炎天下の作業、ハチの襲来など過酷な環境下の調査であり、記憶に残る6年間だった。
本書の担当部分：第4章事例16

中村　松三（なかむら　しょうぞう）
一般社団法人日本森林技術協会九州事務所・主任研究員。国立研究開発法人森林研究・整備機構森林総合研究所フェロー。博士（農学）。専門は造林学。森林総合研究所植物生態研究領域長、同九州支所長を経て現職。今は、林野庁の低密度植栽や早生樹等の調査委託事業に従事し全国を走り回っている。
本書の担当部分：第1章1節、第1章2節、第2章2節、第2章事例3・事例4、第3章1節、第5章コラム5

野末　尚希（のずえ　なおき）
静岡県 経済産業部 森林保全課・技師。専門は森林作業システム・造林。静岡県内各地の伐採・造林現場において調査を行い、地域に適した林業技術を研究するとともに、その成果を現場で知ってもらうため、林業関係者への普及活動を行っている。
本書の担当部分：第2章事例5

原山　尚徳（はらやま　ひさのり）
森林総合研究所 北海道支所 植物土壌系研究グループ・主任研究員。修士（農学）。専門は樹木生理学だが、近年は北海道の低コスト再造林に関わる研究課題に加わり、コンテナ苗の生理生態特性から再造林経費の試算まで幅広い研究に従事している。
本書の担当部分：第3章事例10

平岡　裕一郎（ひらおか　ゆういちろう）
森林総合研究所林木育種センター 育種部 基盤技術研究室・室長。博士（農学）。専門は林木育種・森林遺伝。これまでに成長が速く材質の良いスギや、木蝋の多く採れるハゼノキの育種に携わってきた。最近ではゲノム育種の実現を目指した研究も進めている。
本書の担当部分：第4章コラム1

平田　令子（ひらた　りょうこ）
宮崎大学 農学部 森林緑地環境科学科・講師。博士（農学）。専門は森林保護学。元々は鳥類や野ネズミによる種子散布を研究していたが、下刈り省略試験とスギコンテナ苗の植栽試験プロジェクトに参加する機会をもらい、現在に至っている。
本書の担当部分：第3章事例11・事例12・事例13

藤井　栄（ふじい　さかえ）
徳島県立農林水産総合技術支援センター・主任。修士（農学）。専門は造林学。担当する業務は森林更新に関することで、採種園、苗木生産、植栽、シカ被害が主な課題。県出先事務所で土木工事4年、本庁で森林計画3年、公共事業予算2年を経験して現在に至る。
本書の担当部分：第3章コラム2

藤本　浩平（ふじもと　こうへい）
高知県立森林技術センター 森林経営課・主任研究員。博士（農学）。専門は造林学・森林生態学・森林保護学。高知県民が山で儲けるように、スギ・ヒノキのコンテナ苗生産・植栽とともに、特用林産物（サカキ・シキミ）や森林病害虫の研究・技術相談を行っている。
本書の担当部分：第2章事例6

三重野　裕通（みえの　ひろみち）
宮崎県環境森林部山村・木材振興課　課長（林野庁より出向）。現職では林業担い手の確保・育成や木材の生産・販売など産業振興を担当。人口減社会を迎える中、再造林を通じてエコロジーとエコノミーを循環させる仕組みづくりについて行政面から取り組んでいる。
本書の担当部分：第5章事例21

八木橋　勉（やぎはし　つとむ）
森林総合研究所 東北支所・育林技術研究グループ長。博士（農学）。専門は造林学・森林生態学。森林生態系の範疇にあれば広く興味があり、海外勤務も含めて様々な研究を行ってきた。近年は低コスト再造林に関わるプロジェクトに多くの勢力を投入している。
本書の担当部分：第3章事例7

山川　博美（やまがわ　ひろみ）
森林総合研究所 森林植生研究領域 群落動態研究室・主任研究員。博士（農学）。専門は造林学・森林生態学。教育学部出身だが、大学院生時代に再造林放棄地の植生回復に携わって以降、広葉樹林化や再造林を中心に森林施業に係る研究を進めている。
本書の担当部分：第3章事例8、第4章2節、第4章事例19

山下　義治（やました　よしはる）
九州森林管理局 森林整備部 森林技術・支援センター・所長。西表島、屋久島で森林生態系保護地域及び世界自然遺産地域の森林生態系保全の業務に携わってきた。現在は造林の低コスト化等の技術開発に取り組んでいる。
本書の担当部分：第5章コラム6

渡辺　直史（わたなべ　なおし）
高知県立森林技術センター 森林経営課・課長。博士（農学）。専門は造林・経営・森林生態。10年くらい前から低コスト再造林に取り組み、主に下刈り省略の研究を続けている。加えてここ数年は、育苗〜伐採、特用林産に広く関わっている。
本書の担当部分：第2章事例15

渡邉　仁志（わたなべ　ひとし）
岐阜県森林研究所 森林環境部・専門研究員。専門は森林生態学・森林立地学。ヒノキの生態的管理を中心に研究を進めているつもりであるが、要請に応じて森林利用から特用林産まで担当することもある。近年の研究方針は「常識はまず疑え」。
本書の担当部分：第3章事例9

※章節・事例等の執筆者の所属は、本文も含めてすべて執筆当時のものを記載した。

2019年8月30日　第1版第1刷発行	

低コスト再造林への挑戦
一貫作業システム・コンテナ苗と下刈り省力化

編著者	中村松三・伊藤　哲 山川博美・平田令子
発行人	辻　潔
発行所	森と木と人のつながりを考える ㈱日本林業調査会 〒160-0004 東京都新宿区四谷2－8　岡本ビル405 TEL 03-6457-8381　FAX 03-6457-8382 http://www.j-fic.com/
印刷所	藤原印刷㈱

本出版物は、(一社)日本森林技術協会の森林技術普及等活動助成を受けています。

定価はカバーに表示してあります。
許可なく転載、複製を禁じます。

Ⓒ 2019 Printed in Japan. Shozo Nakamura & Satoshi Ito & Hiromi Yamagawa & Ryoko Hirata

ISBN978-4-88965-259-8